代数曲線入門

宮西正宜・増田佳代　著

共立出版

はじめに

本書は大学3年生から大学院修士課程までの範囲の学生を対象とした教科書である．取り扱う対象を代数曲線に限って，代数幾何学で対象をどのように取り扱うかを解説することを目的としている．

3年生の代数学の大抵の講義では，単項イデアル整域や素元分解環などを学習して，体k上の1変数多項式環$k[x]$が単項イデアル整域であり，n変数の多項式環$k[x_1, x_2, \ldots, x_n]$が素元分解環であることを学習する．もちろん，他の主題に力点が置かれて，これらの事柄に触れずに講義が終わってしまう場合もある．本書は，このように一様でない学習状況から出発する．

体kが標数0の代数的閉体であるとき，2変数多項式環$k[x, y]$の単項イデアル$(f(x, y))$は，fが既約多項式ならば，アフィン平面$\mathbb{A}^2$上の既約な平面曲線$C = V(f)$と対応している．すなわち，剰余環$R = k[x, y]/(f)$の極大イデアルとCのk-有理点が1対1に対応している．さらに，Rの元はC上の正則関数と考えられる．曲線Cがその上の点$P(a, b)$で特異点になるか，または，非特異点になるかは，曲線Cの定義方程式$f(x, y) = 0$を変数$x - a$と$y - b$に関してテーラー展開して判別することができる．

環Rは整域だからその商体$Q(R)$が考えられる．この商体は曲線C上の有理関数のなす体（関数体）と考えられるが，重要なことは，Cの点Pで正則な有理関数（すなわち，Pで定義される有理関数）の全体が局所環$\mathcal{O}_P$をなすことである．とくに，Pが非特異点の場合には，$\mathcal{O}_P$は$k(C)$の体kを含む離散付値環(DVR)になっている．例えば，Cがすべての点で非特異であるときは，Cの相異なる点は$k(C)$の相異なる離散付値環に対応している．それでは，$k(C)$のような体k上に超越次数1の有限生成拡大体（1変数代数関数体という）K が与えられたならば，K の離散付値環と曲線の点が 1 対 1 に対応するような代数曲線は存在するのだろうか．これは古典的な問題であり，代数曲線論に対する一つのアプローチであった．答えは，非特異射影代数曲線である．

本書では，非特異射影代数曲線を射影平面曲線の特異点解消として導入する．まず，射影平面曲線を定義し，アフィン平面上の代数曲線 $C = V(f)$ は射影代数曲線の有限個の点の補集合になっていることを示す．1 変数代数関数体 K は 1 変数純超越拡大体 $k(x)$ の単純拡大体になっている．したがって，$K = k(x, y)$ と 2 つの元で k 上生成されている．元 y の $k(x)$ 上の最小多項式から，原始的既約多項式 $f(x, y)$ が得られて，x と y の間の関係は $f(x, y) = 0$ で与えられる．$C = V(f)$ とすると，$K = k(C)$ となる．すなわち，K はアフィン平面曲線 C の関数体になっている．この多項式 $f(x, y)$ を斉次多項式 $F(X_0, X_1, X_2)$ に直して，$F(X_0, X_1, X_2) = 0$ によって射影平面曲線 $\overline{C} = V^+(F)$ を定義する．この曲線の特異点を解消すると，非特異射影代数曲線 $\widetilde{C}$ が得られて，$K = k(\widetilde{C})$ となる．さらに，K の離散付値環全体と $\widetilde{C}$ の点全体が 1 対 1 に対応する．

このような対応が得られると，非特異射影代数曲線上の因子や，有効因子の線形系などを導入することができる．このような取り扱いを，まず，非特異射影平面曲線に対して議論する．一般の場合はそれから類推することになる．射影平面曲線に関するベズーの定理は射影平面上の交点理論の一つの結論であるが，完全な証明は与えていない．2 つの平面曲線の交点における局所交叉数（重複度）は環論的に正確に述べてあるが，それらの和を取り扱うときはコホモロジー論などに依ったほうが見やすい．それらの高等技術を使わずに無理をして証明するよりも，厳密な証明は省略して，応用を述べる方がよいと判断した．同じことは，非特異射影代数曲線上のリーマン・ロッホの定理についても言える．

これらの重要な定理の証明を省略したことは，本書の限界をあらわしているとも言える．しかし，これらの重要定理を仮定しても，それらを使った幾何は十分に興味深いものである．代数幾何学をさらに勉強する動機付けになると期待している．いくつかの応用として，線形系による非特異射影代数曲線の射影空間への埋め込み，楕円曲線，超楕円曲線，フェルマー曲線などを取り扱った．

本書は，関西学院大学理工学研究科の大学院生向けの講義「代数幾何学特論」の数年間にわたる講義の内容をまとめたものである．学部の代数学のいわば抽象的な内容のすぐ傍に，具体的で興味深い問題が動機付けとして潜んでいることに気付いてほしい．その意味で，本書は講義の教科書としての役割と同時に，進んだ学生が自習書として読めるように工夫した．

2016年3月　　著者記す

目　次

第1章
環論からの復習

環論の基礎的部分は3年次の代数学の講義で群論に続けて学習している．その中でもイデアルの定義，剰余環の定義は最も基礎的な部分である．しかし，単項イデアル整域 (PID)，素元分解整域 (UFD)，素元分解整域上の多項式環については必ずしもすべてを学習しているとは限らない．それでも，素イデアルの定義や商環・商体の定義は代数幾何学を勉強しようとする場合には必要である．本章では，これらのことがらを簡単に説明する．より詳しい説明については，[3] を参考にしてもらいたい．これらの知識をもった読者は当然に読み飛ばしてもよい．また，本章の知識を必要とするのは後の章であるから，必要になるまで読むのを待つことも構わない．

1.1 イデアルの定義

R を環とする．本書では，環は断らない限り積に関して可換法則が成立する可換環を意味する．また，これも断らない限り，すべての環は単位元 1 を有するものと約束する．環 R の部分集合 I が和に関して R の部分群であり，条件

$$a \in I,\ \forall x \in R \ \text{について，} ax \in I$$

を満たすとき，I を R の**イデアル**という．$I = \{0\}$ は R のイデアルである．これを R の**零イデアル**という．イデアル I が零イデアルであることを，$I = 0$ と表すことがある．したがって，$I \neq 0$ は I が零イデアルでないことを表す．

$I = R$ もイデアルの定義を満たしているが，**単位イデアル**と呼んで，一般にはイデアルと区別する．イデアル I が単位イデアルになる必要十分条件は $1 \in I$ となることである．また，単位イデアルでないイデアルを**真のイデアル**と呼ぶこともある．2つのイデアル I, J について

$$I + J = \{a + b \mid a \in I,\ b \in J\}$$
$$I \cdot J = \left\{ \sum_i a_i b_i (\text{有限和}) \mid a_i \in I,\ b_i \in J \right\}$$

とおいて，$I + J$ をイデアルの**和**, $I \cdot J$ をイデアルの**積**という．イデアル I は零元 0 を含むから空集合ではない．2つのイデアル I, J の共通集合 $I \cap J$ はイデアルである．しかし，集合としての和 $I \cup J$ は一般にイデアルではない．

【補題 1.1.1】 整数環を $\mathbb{Z}$ で表す．$\mathbb{Z}$ のイデアル $a\mathbb{Z}, b\mathbb{Z}$ $(ab \neq 0)$ について，次のことがらが成立する．

(1) $\mathbb{Z}$ のイデアル I は $I = a\mathbb{Z} := \{ax \mid x \in \mathbb{Z}\}$ と表される．ここで，$I \neq 0$ ならば，$a > 0$ と仮定してもよい．

(2) $a\mathbb{Z} + b\mathbb{Z} = d\mathbb{Z}$ となる．ただし，$d = \gcd(a, b)$.

(3) $a\mathbb{Z} \cap b\mathbb{Z} = \ell\mathbb{Z}$ となる．ただし，$\ell = \mathrm{lcm}\,(a, b)$.

(4) $(a\mathbb{Z}) \cdot (b\mathbb{Z}) \subseteq (a\mathbb{Z}) \cap (b\mathbb{Z})$. 等号が成立するのは，$\gcd(a, b) = 1$ のときである．

(5) $(a\mathbb{Z}) \cup (b\mathbb{Z})$ がイデアルになるのは，a が b を割り切るか，b が a を割り切るときである．

証明 (1) $I \neq 0$ とする．$a \in I \Leftrightarrow -a \in I$ だから，I は自然数を含んでいる．I に含まれる自然数のうち最小のものを a とする．$z \in I$ に対して，z を a で割ると，剰余の定理によって，整数 q と r が存在して，

$$z = qa + r,\quad 0 \leq r < a$$

とできる．このとき，$r = z - qa \in I$ だから，$r \neq 0$ ならば，a の取り方に反する．よって，$r = 0$ で，$z = aq \in a\mathbb{Z}$ となる．すなわち，$I \subseteq a\mathbb{Z}$. 逆の包含関係は，$a \in I$ だから明らかである．

(2)　$d=\gcd(a,b)$ とすると，ユークリッドの互除法により整数 u,v が存在して，$d=au+bv$ と表せる．したがって，$dx=(au+bv)x=a(ux)+b(vx)\in a\mathbb{Z}+b\mathbb{Z}$. よって，$d\mathbb{Z}\subseteq a\mathbb{Z}+b\mathbb{Z}$ となる．逆に，$a=da_1, b=db_1$ となるから，$ax+by=d(a_1x+b_1y)\in d\mathbb{Z}$. よって，$a\mathbb{Z}+b\mathbb{Z}\subseteq d\mathbb{Z}$.

(3)　$\ell=am, \ell=bn$ と書けば，$w\in \ell\mathbb{Z}$ ならば $w=\ell w_1$ と表せるから，$w=amw_1=bnw_1\in a\mathbb{Z}\cap b\mathbb{Z}$ となる．すなわち，$\ell\mathbb{Z}\subseteq a\mathbb{Z}\cap b\mathbb{Z}$ である．逆に，$w\in a\mathbb{Z}\cap b\mathbb{Z}$ ならば，w は a と b で割り切れるから，a と b の最小公倍数 ℓ で割り切れる．よって，$w\in\ell\mathbb{Z}$. すなわち，$a\mathbb{Z}\cap b\mathbb{Z}\subseteq\ell\mathbb{Z}$.

(4)　$(a\mathbb{Z})\cdot(b\mathbb{Z})$ の元は $\sum_i(ax_i)(by_i)=ab(\sum_i x_iy_i)$ と表される．$ab=d\ell$ だから，$ab(\sum_i x_iy_i)\in\ell\mathbb{Z}$ である．よって，$(a\mathbb{Z})\cdot(b\mathbb{Z})\subseteq\ell\mathbb{Z}=(a\mathbb{Z})\cap(b\mathbb{Z})$ となる．等号が成立するのは，$\ell\in(a\mathbb{Z})\cdot(b\mathbb{Z})$ となるときである．すなわち，$\ell=ab(\sum_i x_iy_i)$ と書けるので，$ab=d\ell$ という関係式を使うと，$1=d(\sum_i x_iy_i)$ となる．したがって，$d=1$ となる．

(5) $I:=(a\mathbb{Z})\cup(b\mathbb{Z})$ がイデアルならば，$I=c\mathbb{Z}$ と表される．$a,b\in I$ だから，c は a と b を割り切る．一方，$c\in a\mathbb{Z}$ または $c\in b\mathbb{Z}$ である．すなわち，a が c を割り切るか，b が c を割り切る．よって，$a=c$ または $b=c$ となる．$a=c$ ならば，a は b を割り切る．$b=c$ ならば，b は a を割り切る．逆に，a が b を割り切れば，$b\mathbb{Z}\subseteq a\mathbb{Z}$ だから，$I=a\mathbb{Z}\cup b\mathbb{Z}=a\mathbb{Z}$ となる．b が a を割り切れば，$I=b\mathbb{Z}$ となる．　□

環 R のイデアル I が $a\in R$ に対して $I=aR$ と表されるとき，I は**単項イデアル**であるという．すべてのイデアルが単項イデアルであるとき，R は**単項イデアル環**であるという．

体の定義については学習済みであることにする．環 A に係数をもつ 1 変数 x の多項式全体は環をなす．この環を $A[x]$ と記す．

【補題 1.1.2】　体 k 上の 1 変数多項式環 $k[x]$ について，次のことがらが成立する．

(1)　$k[x]$ は単項イデアル環である．

(2)　$R=k[x]$ とおくと，R のイデアル $I=f(x)R, J=g(x)R$ に対して，$I+$

$J = d(x)R$, $I \cap J = \ell(x)R$ となる．ただし，$d(x) = \gcd(f(x), g(x))$，$\ell(x) = \mathrm{lcm}\,(f(x), g(x))$ である．

証明　(1)　証明の方針は補題 1.1.1 に類似している．$k[x]$ の元

$$a(x) = a_n x^n + a_{n-1}x^{n-1} + \cdots + a_1 x + a_0$$

について，$a_n \neq 0$ であるとき，$a(x)$ の**次数**は n であるといい，$\deg a(x) = n$ と書く．次数に関して次の性質がある．

(i) $\deg(a(x) + b(x)) \leq \max\{\deg a(x), \deg b(x)\}$ かつ $\deg(a(x)b(x)) = \deg a(x) + \deg b(x)$.

(ii) $\deg a(x) = 0 \Leftrightarrow a(x) \in k\backslash\{0\}$.

(iii) $\deg a(x) = -\infty \Leftrightarrow a(x) = 0$ とおく．

このとき，$k[x]$ において，次の**剰余の定理**が成立する．証明は [3] の 23 頁にある．

剰余の定理． $a(x), b(x) \in k[x]$ とし，$a(x) \neq 0$ とする．このとき，$k[x]$ の元 $q(x), r(x)$ が存在して，$b(x) = q(x)a(x) + r(x)$．ここで，$r(x) = 0$ となるか $\deg r(x) < \deg a(x)$ を満たす．このような $q(x)$，$r(x)$ は与えられた $a(x), b(x)$ によって一意的に定まる．

I を $R = k[x]$ のイデアルで $I \neq 0$，$I \neq R$ となるものとする．このとき，自然数の集合 $\{\deg a(x) \mid a(x) \in I \setminus \{0\}\}$ は空集合ではない．その最小値を与える元を $a(x)$ とする．I の任意の元 $b(x)$ に対して，剰余の定理を用いると，$b(x) = q(x)a(x) + r(x)$ となる元 $q(x), r(x)$ が R に存在して，$r(x) = 0$ となるか $\deg r(x) < \deg a(x)$ を満たす．$r(x) \neq 0$ ならば，$r(x) = b(x) - q(x)a(x) \in I$ で，$\deg r(x) < \deg a(x)$ となる．これは $a(x)$ の次数が I の非零元の中で最小であるという取り方に反する．よって，$r(x) = 0$ で，$b(x) = q(x)a(x) \in a(x)R$．すなわち，$I \subseteq a(x)R$．逆に，$a(x)R \subseteq I$ は明らかである．

(2)　証明は補題 1.1.1 と同じだから省略する．　□

補題 1.1.2 の (2) の記号で，$d(x)$ を $f(x), g(x)$ の**最大公約元**といい，$\ell(x)$ を

最小公倍元という．補題 1.1.1 と補題 1.1.2 の証明に共通する原理は剰余の定理である．この部分だけを条件の形で取りだすと次のようになる．

環 R に対して，写像 $\varphi : R \setminus \{0\} \to \mathbb{N} \cup \{0\}$ が存在して次の 2 条件を満たすとき，(R, φ) は**ユークリッド環**であるという．

(i) $\varphi(a+b) \leq \max\{\varphi(a), \varphi(b)\}$，$\varphi(ab) = \varphi(a) + \varphi(b)$．ここで，$\varphi(a) = -\infty \Leftrightarrow a = 0$ と定義しておくと，a, b が 0 になっても，これらの式が成立する．ただし，$n \in \mathbb{N} \cup \{0\}$ に対して，$n + (-\infty) = -\infty$，$n \cdot (-\infty) = -\infty$ が成立すると約束する．

(ii) $a, b \in R$ とし，$a \neq 0$ とするとき，R の元 q, r が存在して $b = qa + r$ となる．ここで，$r = 0$ となるか $\varphi(r) < \varphi(a)$ が成立する．

$R = \mathbb{Z}$ のときは，$\varphi(n) = |n|$ とし，$R = k[x]$ のときは $\varphi(a(x)) = \deg a(x)$ とする．上の補題と全く同じ証明をして，次の結果が示される．

【補題 1.1.3】　ユークリッド環は単項イデアル環である．

1.2　剰余環

R を環，I をそのイデアルとする．$a \in R$ に対して

$$a + I = \{a + x \mid x \in I\}$$

という部分集合を考えて，a を**代表元**にもつ I の**剰余類**という．剰余類に関する次の 3 条件は同値である．

(i) $a + I = b + I$.

(ii) $(a + I) \cap (b + I) \neq \emptyset$.

(iii) $b - a \in I$.

実際，$a + I = b + I$ ならば，$(a + I) \cap (b + I) \neq \emptyset$ となることは明らかである．$(a + I) \cap (b + I) \neq \emptyset$ ならば，I の元 x, y が存在して，$a + x = b + y$ となる．したがって，$b - a = x - y \in I$ となる．$b - a = z \in I$ と仮定して，$a + I = b + I$

となることを示そう．$y \in I$ について $b+y=(a+z)+y=a+(y+z) \in a+I$ だから，$b+I \subseteq a+I$．同様にして，$a+I \subseteq b+I$ となるから，$a+I=b+I$ が成立する．

環 R の元の間の関係 $a \sim b$ を $b-a \in I$ で定義すると，これは同値関係になる．実際，$a \sim a$ と $a \sim b \ \Rightarrow \ b \sim a$ は明らかである．$a \sim b$, $b \sim c$ ならば，$c-a=(c-b)+(b-a) \in I$ となって，$a \sim c$ となる．すなわち，推移律も成立する．したがって，関係 $a \sim b$ は同値関係である．この同値関係による a の同値類が $a+I$ である．したがって，この同値関係は R を同値類に類別する．すなわち，R は $\{a+I \mid a \in R\}$ という剰余類で隙間なく覆われている．ここでは，剰余類の間に重複が生じているから，代表元の組 $\{a_\lambda \mid \lambda \in \Lambda\}$ を $\lambda \neq \mu$ ならば，$(a_\lambda+I) \cap (a_\mu+I)=\emptyset$ となり，さらに，$\bigcup_{\lambda \in \Lambda}(a_\lambda+I)=R$ となるように取ることもできる．

a を代表元とする剰余類を $\overline{a}$ と書くことにする．$\overline{a}=a+I$ である．R の I による剰余類の全体を R/I で表す．すると，R/I は次のような和と積によって環になっている．和は $\overline{a}+\overline{b}=\overline{a+b}$ で，積は $\overline{a} \cdot \overline{b}=\overline{ab}$ で定義する．この定義は代表元の取り方によらない．すなわち，$\overline{a}=\overline{a'}$, $\overline{b}=\overline{b'}$ ならば，$\overline{a+b}=\overline{a'+b'}$, $\overline{ab}=\overline{a'b'}$ となる．また，R/I の零元は $\overline{0}$ で，単位元は $\overline{1}$ である．このようにして，R/I は環になるので，R の I による**剰余環**という．このとき，$a \mapsto \overline{a}$ という対応は，R から R/I への全射な環準同型写像

$$\theta : R \longrightarrow R/I, \quad \theta(a)=\overline{a}$$

を与える．カーネル $\mathrm{Ker}\,\theta := \{a \in R \mid \theta(a)=\overline{0}\}$ はイデアル I に等しい．ここで，次の**環準同型定理**を [3] の定理 5.1.4 (213 頁) から引用しておこう．

【定理 1.2.1】 $f : R \to R'$ を環準同型写像として，そのカーネル $\mathrm{Ker}\,f$ と像 $\mathrm{Im}\,f$ を

$$\mathrm{Ker}\,f=\{a \in R \mid f(a)=0\}, \quad \mathrm{Im}\,f=\{f(a) \mid a \in R\}$$

で定義すると，次のことがらが成立する．

(1) $\mathrm{Ker}\,f$ は R のイデアルであり，$\mathrm{Im}\,f$ は R' の部分環である．

(2) $\overline{R} = R/\mathrm{Ker}\, f$ とおくと，$\overline{R}$ と $\mathrm{Im}\, f$ は対応 $\overline{a} = a + \mathrm{Ker}\, f \mapsto f(a)$ によって，環同型である．

(3) $\theta : R \to \overline{R}$ を $\theta(a) = a + \mathrm{Ker}\, f$ で定義された全射な環準同型写像とし，$\iota : \mathrm{Im}\, f \hookrightarrow R'$ を自然な環準同型写像とすると，$f = \iota \cdot \theta$ と分解する．ただし，$\overline{R}$ と $\mathrm{Im}\, f$ を上に述べた同型写像で同一視している．

R のイデアル I を一つ固定して考え，剰余環 R/I を $\overline{R}$ とおく．J が I を含む R のイデアルならば，

$$\theta(J) = \{\overline{a} \mid a \in J\}$$

は $\overline{R}$ のイデアルである．実際，$a_1, a_2 \in J$ とすると，$\overline{a}_1 + \overline{a}_2 = \overline{a_1 + a_2} \in \theta(J)$ であり，$x \in R$ と $\overline{a} \in \theta(J)$ について，$\overline{a} \cdot \overline{x} = \overline{ax} \in \theta(J)$ となるからである．逆に，$\overline{J}$ を $\overline{R}$ のイデアルとして，$\overline{J}$ の θ による逆像 $J = \theta^{-1}(\overline{J})$ は R の I を含むイデアルで，$\theta(J) = \overline{J}$ となる．$J \mapsto \theta(J), \overline{J} \mapsto \theta^{-1}(\overline{J})$ に関して，次の結果が成立する．

【補題 1.2.2】 上記の記号の下で次のことがらが成立する．

(1) 上記の対応で2つの集合 $\mathfrak{S} := \{J \mid J$ は I を含む R のイデアル$\}$ と $\overline{\mathfrak{S}} := \{\overline{J} \mid \overline{J}$ は $\overline{R}$ のイデアル$\}$ は1対1に対応する．$J \in \mathfrak{S}$ に対して，$\theta(J) = \overline{J}$ とおく．

(2) $J_1, J_2 \in \mathfrak{S}$ に対して，$J_1 \subseteq J_2 \;\Leftrightarrow\; \overline{J}_1 \subseteq \overline{J}_2$.

(3) $\overline{J}_1 + \overline{J}_2 = \overline{J_1 + J_2}$, $\overline{J}_1 \cdot \overline{J}_2 = \overline{J_1 \cdot J_2}$. さらに，$\overline{J}_1 \cap \overline{J}_2 = \overline{J_1 \cap J_2}$.

I, J を $I \subseteq J$ となる R のイデアルとすると，剰余環 R/I と R/J が考えられる．補題 1.2.2 によって，J/I は R/I のイデアルである．I の剰余類 $a + I$ に J の剰余類 $a + J$ を対応させると，環準同型写像 $f : R/I \to R/J$ が得られる．このとき，$\mathrm{Ker}\, f = \{a + I \mid a + J = J\} = \{a + I \mid a \in J\} = J/I$ となる．よって，環準同型定理から $(R/I)\big/(J/I) \cong R/J$ となる．ここで，記号 $\cong$ は2つの環が環同型写像で結ばれていることを示す．

■ 例 1.2.3 n を自然数とすると，剰余環 $\mathbb{Z}/n\mathbb{Z}$ が考えられる．$\mathbb{Z}/n\mathbb{Z}$ の剰余類はすべて $m + n\mathbb{Z}$ $(0 \leq m < n)$ と表されるので，$\{m \mid 0 \leq m < n\}$

は剰余類の代表元の系である．剰余類の和と積を代表元を使って述べると，m_1+m_2, m_1m_2 を考えて，それらが n を超えるならば，n で割って 0 以上 n 未満の余りを取ることになる． □

■ 例 1.2.4 (1) $k[x]$ を体 k 上の 1 変数多項式環とする．k の元でない $f(x) \in k[x]$ について単項イデアル $f(x)k[x]$ を $(f(x))$ と略記する．$f(x) \neq 0$ ならば，剰余環 $k[x]/(f(x))$ は k 上の有限次元ベクトル空間で，その次元は $\deg f(x)$ に等しい．実際，$f(x) = a_nx^n + a_{n-1}x^{n-1} + \cdots + a_1x + a_0$ $(a_n \neq 0)$ とする．剰余の定理によって，$g(x)$ が与えられると $q(x), r(x)$ という 2 元が定まって，$g(x) = q(x)f(x) + r(x)$ と書ける．ここで，$r(x) = 0$ または $0 \leq \deg r(x) < \deg f(x) = n$. すなわち，$g(x) \in r(x) + (f(x))$ となる．また，$r_1(x), r_2(x) \in k[x]$ について $0 \leq \deg r_1(x) < n$, $0 \leq \deg r_2(x) < n$ であれば，$r_1(x) + (f(x)) = r_2(x) + (f(x))$ から $r_1(x) = r_2(x)$ が従う．実際，$r_2(x) - r_1(x) \in (f(x))$ から，$r_2(x) - r_1(x)$ が $f(x)$ で割れることになる．次数を比べると，$r_2(x) = r_1(x)$ でなければならない．よって，$r(x) = b_mx^m + b_{m-1}x^{m-1} + \cdots + b_1x + b_0$ とすると，$I = (f(x))$ と書いて，

$$r(x) + I = b_m(x^m + I) + b_{m-1}(x^{m-1} + I) + \cdots + b_1(x + I) + b_0(1 + I)$$

となるから，$k[x]/(f(x))$ は $\{x^i + I \mid 0 \leq i < n\}$ で生成された k 上のベクトル空間である．ただし，k は $k[x]/(f(x))$ の部分体と考えている．実際，自然な全射環準同型写像 $\theta : k[x] \to k[x]/(f(x))$ を $k[x]$ の部分体 k に制限して考えると，そのカーネルは $k \cap (f(x))$ であるが，これは零元しか含んでいない．したがって，θ の制限 $\theta|_k : k \to k[x]/(f(x))$ に準同型定理を使うと，像 $\mathrm{Im}\,\theta|_k = k$ となる．よって，k は $k[x]/(f(x))$ に含まれる体である．

(2) $R = k[x]/(f(x))$ は k を部分体として含むことを上で説明した．$\overline{x} = x + (f(x))$ とおくと，$f(\overline{x}) = \overline{0}$ となる．また，R の任意の元 $g(x) + (f(x))$ は，$\overline{g(x)} := g(x) + (f(x)) = g(\overline{x})$ と書ける．ここで，$g(\overline{x})$ は多項式 $g(x)$ の x に元 $\overline{x}$ を代入したものである．よって，$R = k[\overline{x}]$ と書いて，$f(\overline{x}) = \overline{0}$ は $\overline{x}$ が k 上に満たす関係式と見なすことができる．

(3) 例えば，$k = \mathbb{R}$ (実数体) として，$f(x) = x^2 + 1$ を取る．$R = \mathbb{R}[x]/(x^2 +$

1) において，$\overline{x}$ は関係式 $\overline{x}^2 + 1 = 0$ を満たす．すなわち，R は複素数体 $\mathbb{C} = \mathbb{R}[\sqrt{-1}]$ と見なされる．□

■ **例 1.2.5**　k を体，$x_1, \ldots, x_n$ を独立な変数とする．k 係数の n 変数の多項式環 $R = k[x_1, \ldots, x_n]$ において，$I_m = (x_{m+1}, \ldots, x_n)$ を $x_{m+1}, \ldots, x_n$ で生成されたイデアルとする．すなわち，I_m の元は $f_{m+1}x_{m+1} + \cdots + f_n x_n \quad (f_{m+1}, \ldots, f_n \in R)$ と表される．すると，$I_{n-1} \subset I_{n-2} \subset \cdots \subset I_1 \subset I_0$ というイデアルの増大列が存在する．剰余環 R/I_m は k 上の多項式環 $k[x_1, \ldots, x_m]$ と同一視することができる．ただし，$R/I_0 = k$ と見なしている．□

1.3　整域と素イデアル

環 R の 2 つの非零元 x, y をかけて，$xy = 0$ となることがある．このとき，x, y は**零因子**であるという．x と y は零元 0 を割っているという意味である．例えば，$R = \mathbb{Z}/4\mathbb{Z}$ と取ると，$\overline{0}$ でない剰余類 $\overline{2} = 2 + 4\mathbb{Z}$ は $\overline{2} \cdot \overline{2} = \overline{0}$ を満たすから，$\mathbb{Z}/4\mathbb{Z}$ の零因子である．環 R が零因子をもたない場合，すなわち，$xy = 0$ ならば $x = 0$ か $y = 0$ が成り立つとき，R は**整域**であるという．$\mathbb{Z}$ および $k[x]$ は整域である．

【補題 1.3.1】　R を整域，$R[x]$ を R 上の 1 変数多項式環とすると，$R[x]$ は整域である．

証明　$R[x]$ の零でない 2 元

$$f(x) = a_n x^n + a_{n-1} x^{n-1} + \cdots + a_1 x + a_0, \quad a_n \neq 0$$
$$g(x) = b_m x^m + b_{m-1} x^{m-1} + \cdots + b_1 x + b_0, \quad b_m \neq 0$$

の積は

$$f(x)g(x)$$
$$= a_n b_m x^{n+m} + (a_n b_{m-1} + a_{n-1} b_m) x^{n+m-1} + \cdots + (a_1 b_0 + a_0 b_1) x + a_0 b_0$$

となるが，R は整域だから最高次の係数 $a_n b_m \neq 0$ となる．したがって，$f(x)g(x) \neq 0$. □

✔**注意 1.3.2**　(1)　1.1 節において定義したユークリッド環は整域である．なぜならば，$xy = 0$ とすると，

$$-\infty = \varphi(0) = \varphi(xy) = \varphi(x) + \varphi(y)$$

となるから，$\varphi(x) = -\infty$ であるか，$\varphi(y) = -\infty$ が成立する．したがって，$x = 0$ または $y = 0$ となる．

(2)　剰余環 $\mathbb{Z}/n\mathbb{Z}$ は補題 1.2.2 によって単項イデアル環である．n が素数でなければ，$\mathbb{Z}/n\mathbb{Z}$ は整域ではないから，単項イデアル環は整域とは限らない．

零因子の存在はさして大きな問題ではないように見えるが，代数多様体を考察するときには，事情を複雑にする一つの要因である．

定義 1.3.3　(1)　環 R のイデアル P について，剰余環 R/P が整域であるとき，P を**素イデアル**という．イデアル P に関する，次の 3 条件は同値である．

(i) P は R の素イデアルである．
(ii) 剰余環 R/P は整域である．
(iii) $xy \in P$ ならば，$x \in P$ または $y \in P$ である．

(2)　R の真のイデアルのうち包含関係で極大なイデアルを R の**極大イデアル**という．すなわち，イデアル M が極大イデアルであるための必要十分条件は $M \subsetneqq R$ で，$M \subseteq I$ となる真のイデアル I は M に等しいということである．

まず，極大イデアルのもつ性質について次の結果がある．

【補題 1.3.4】　M を R の極大イデアルとすると，剰余環 R/M は体である．逆に，R/I が体であるイデアル I は極大イデアルである．とくに，極大イデアルは素イデアルである．

証明　R/M が体であることをいうには，どの非零元 $a+M$ も逆元をもつことを示せばよい．$a+M$ が非零元であることは $a \notin M$ ということである．そこで，M を含むイデアル $I := aR+M$ を考えると，$M \subsetneqq I$ となる．よって，$aR+M = R$．すなわち，$1 \in aR+M$ だから，$b \in R$ が存在して，$ab+M = 1+M$ となる．したがって，$a+M$ は逆元 $b+M$ をもつ．逆に，R/I が体であるとすると，I は R の真のイデアルである．$I \subsetneqq J$ というイデアルを取ると，$b \in J \setminus I$ が存在するので，$b+I$ は R/I の非零元である．仮定によって，R/I は体だから，$(b+I)\cdot(c+I) = 1+I$ という元 $c \in R$ が存在する．したがって，$bc-1 \in I$ となる．よって，$1 \in bc+I \subseteq J$．これから $J=R$ が従う．また，M が極大イデアルならば，上で示したように R/M は体であり，体は整域だから M は素イデアルである．□

環 R の真のイデアル全体の集合 $\mathfrak{I}$ には包含関係によって順序が入る．すなわち，$I \le J \iff I \subseteq J$ と順序を定義する．要するに，J が I を含んでいれば，J は I より大きいとするのである．集合 $\mathfrak{I}$ はこの順序で**帰納的集合**になっている．すなわち，$\mathfrak{I}$ の全順序部分集合 $\{I_\lambda \mid \lambda \in \Lambda\}$ を取ると**上界**をもつ．ここで，添字集合 Λ はどの2元 λ_1, λ_2 を取っても $\lambda_1 < \lambda_2$ または $\lambda_2 < \lambda_1$ となる順序集合で，$\lambda \le \mu \iff I_\lambda \le I_\mu$ という関係がある．$I = \bigcup_{\lambda\in\Lambda} I_\lambda$ とおくと，I は R の真のイデアルである．実際，$a, b \in I$ ならば，$a, b \in I_\lambda$ となる $\lambda \in \Lambda$ が存在する．I_λ は R のイデアルだから，$a+b \in I_\lambda$, $ax \in I_\lambda \ (x \in R)$ となる．よって，$a+b \in I$, $ax \in I$ となる．もし $1 \in I$ ならば，$1 \in I_\lambda$ となる $\lambda \in \Lambda$ が存在するが，I_λ は真のイデアルだから，これは矛盾である．よって，I は R の真のイデアルである．$I_\lambda \subseteq I$ だから，$I_\lambda \le I$ となる．すなわち，I が上界になっている．**ツォルンの補題**（[3] の定理 0.5.2）によって，$\mathfrak{I}$ には極大元が存在する．この結果を精密にして，次の結果が得られる．

【定理 1.3.5】　I_0 を R のイデアルとすると，I_0 を含む極大イデアル M が存在する．

証明　$\mathfrak{I}$ の部分集合 $\mathfrak{I}_0 = \{I \in \mathfrak{I} \mid I \supseteq I_0\}$ は包含関係によって帰納的集合になる．その証明は上の説明と同様にしてできる．したがって，ツォルンの補題に

よって $\mathfrak{I}_0$ には極大元 M が存在する．このとき，M は I_0 を含む R の極大イデアルである． □

1.4 商環と商体

整数環 $\mathbb{Z}$ は有理数体 $\mathbb{Q}$ に部分環として含まれている．さらに，任意の有理数は整数 a, b を使って分数 $\dfrac{b}{a}$ という形で表されている．ただし，$a \neq 0$ である．もう少し複雑な構成法で $\mathbb{Z}$ を含む $\mathbb{Q}$ の部分環を構成してみよう．

■ **例 1.4.1** p を素数とする．$\mathbb{Q}$ の部分集合

$$\mathbb{Z}_p = \left\{ \frac{b}{a} \mid a, b \in \mathbb{Z},\ p \nmid a \right\}$$

を考えて，それらの和と積を考えると

$$\frac{b_1}{a_1} + \frac{b_2}{a_2} = \frac{b_1 a_2 + b_2 a_1}{a_1 a_2}, \qquad \frac{b_1}{a_1} \cdot \frac{b_2}{a_2} = \frac{b_1 b_2}{a_1 a_2}$$

だから，$p \nmid a_1 a_2$ に注意すると，$\mathbb{Z}_p$ の 2 つの元の和と積は $\mathbb{Z}_p$ の元である．すなわち，$\mathbb{Z}_p$ は環になっている．さらに，対応 $b \mapsto \dfrac{b}{1}$ によって，$\mathbb{Z}$ は $\mathbb{Z}_p$ の部分環になっている．簡単に言えば，$\mathbb{Z}_p$ の元は分母が p で割れない分数である．

R を環として，上と同様の方法で，新しい環を構成することができる．R の部分集合 S が次の 2 条件

(i) $s, t \in S$ ならば，$st \in S$
(ii) $1 \in S,\ 0 \notin S$

を満たすとき，S は R の**積閉集合**という．例えば，p を素数として，$S = \{a \in \mathbb{Z} \mid p \nmid a\}$ は $\mathbb{Z}$ の積閉集合である．P が環 R の素イデアルならば，$S = \{s \in R \mid s \notin P\}$ は R の積閉集合である．実際，P が素イデアルという条件は，対偶を取れば $s \notin S,\ t \notin S \Rightarrow st \notin S$ と同値である．P は真のイデアルだから，$0 \in P,\ 1 \notin P$ である．したがって，$0 \notin S,\ 1 \in S$ となる．

【補題 1.4.2】 S を環 R の積閉集合とする．積集合 $R \times S$ に次の関係

$$(a, s) \sim (b, t) \iff u(at - bs) = 0,\ u \in S$$

を入れると，次のことがらが成立する．

(1) この関係は同値関係である．$R \times S$ の同値類の集合を R_S または $S^{-1}R$ と表す．また，(a, s) の同値類を $\dfrac{a}{s}$ と表す．

(2) R_S の元 $\dfrac{a}{s}, \dfrac{b}{t}$ の和と積を

$$\frac{a}{s} + \frac{b}{t} = \frac{at + bs}{st}, \quad \frac{a}{s} \cdot \frac{b}{t} = \frac{ab}{st}$$

と定義すると，R_S は環になる．R_S の零元は $(0, 1)$，単位元は $(1, 1)$ によって代表される．

(3) 写像 $f : R \to R_S$ を $f(a) = \dfrac{a}{1}$ で定義すると，f は環準同型写像である．そのカーネルは

$$\operatorname{Ker} f = \{a \in R \mid \exists s \in S,\ sa = 0\}$$

である．また，$s \in S$ について，$\dfrac{1}{s}$ は $f(s)$ の逆元である．

証明 (1) 反射律，対称律，推移律の 3 つが成り立つことを示せばよい．反射律の「$(a, s) \sim (a, s)$」は明らかである．対称律「$(a, s) \sim (b, t)$ ならば $(b, t) \sim (a, s)$」も同様に明らかである．推移律「$(a, s) \sim (b, t)$, $(b, t) \sim (c, u)$ ならば $(a, s) \sim (c, u)$」となることを示そう．定義によって，S の元 v, w が存在して，$v(at - bs) = 0$, $w(bu - ct) = 0$ である．このとき，$vwt(au - cs) = wu(vat - vbs) + vs(wbu - wct) = 0$. $vwt \in S$ だから，$(a, s) \sim (c, u)$ となる．

(2) まず，和と積の定義が同値類の代表元の取り方によらないことを示す必要がある．すなわち，$(a, s) \sim (a', s')$, $(b, t) \sim (b', t')$ ならば，$(at + bs, st) \sim (a't' + b's', s't')$, $(ab, st) \sim (a'b', s't')$ が成立することを示す．実際，S の元 u, v が存在して，$u(as' - a's) = 0$, $v(bt' - b't) = 0$ となる．よって，

$$\begin{aligned}
&uv\{(at + bs)s't' - (a't' + b's')st\} \\
&= vtt'(as'u - a'su) + uss'(bt'v - b'tv) = 0
\end{aligned}$$

$$
\begin{aligned}
&uv(abs't' - a'b'st)\\
&= uvbt'(as' - a's) + uva's(bt' - b't)\\
&= bvt'(as'u - a'su) + a'us(bt'v - b'tv) = 0
\end{aligned}
$$

となり，和と積が代表元の取り方によらずに定義できることがわかる．環の公理の結合法則や分配法則が成立することは，分数計算と同様にして確かめられる．

(3) $f(a) = 0$ ならば，$(a, 1) \sim (0, 1)$ となる．よって，S の元 s が存在して，$s(a \cdot 1 - 0 \cdot 1) = as = 0$．逆に，$a \in R$, $s \in S$ に対して $as = 0$ となれば，$(a, 1) \sim (0, 1)$ である．よって，$f(a) = 0$ となる．また，$\dfrac{s}{1} \cdot \dfrac{1}{s} = \dfrac{1}{1}$ だから，$\dfrac{1}{s}$ は $f(s)$ の逆元になっている． □

✔**注意 1.4.3** (1) R が整域ならば，$(a, s) \sim (b, t) \iff \exists u \in S,\ u(at - bs) = 0$ という同値関係の定義において，$u \neq 0$ だから $at - bs = 0$ となる．したがって，$(a, s) \sim' (b, t) \iff at - bs = 0$ と定義すれば，この関係は同値関係である．

(2) R が整域でない場合には，$a \in R$, $s \in S$ に対して，$a \neq 0, as = 0$ となることがある．関係 $\sim'$ を考えると，$(a, 1) \sim' (0, s)$, $(0, s) \sim' (0, 1)$ であるが，$(a, 1) \not\sim' (0, 1)$ である．すなわち，推移律が成立しない．例えば，$\mathbb{Z}/6\mathbb{Z}$ において，$S = \{\overline{1}, \overline{3}\}$ は積閉集合である．しかし，$\overline{2} \cdot \overline{3} = \overline{0}$ となる． □

商環 R_S のイデアルについては次の結果がある．

【補題 1.4.4】 S を環 R の積閉集合とし，$f : R \to R_S$ を補題 1.4.2 の (3) で定めた環準同型写像とすると，次のことがらが成立する．

(1) J を R_S の真のイデアルとし，$I = f^{-1}(J)$ とおくと，I は R のイデアルで，$I \cap S = \emptyset$ かつ $J = IR_S$ となる．ただし，IR_S は $f(I)$ で生成される R_S のイデアル $\left\{ \sum_i f(a_i) \dfrac{b_i}{s_i} \mid a_i \in I \right\}$ を表す．

(2) I を R のイデアルで $I \cap S = \emptyset$ を満たすものとすると，IR_S は R_S の真のイデアルで，$f^{-1}(IR_S) = I_S := \{a \in R \mid \exists s \in S,\ as \in I\}$.

証明　(1)　一般に，環準同型写像 $f : R_1 \to R_2$ による，R_2 のイデアル I_2 の逆像 $I_1 := f^{-1}(I_2)$ は R_1 のイデアルである．さらに，I_2 が真のイデアルならば，I_1 は R_1 の真のイデアルである．それは，$f(I_1) \subseteq I_2$ かつ $f(1) = 1$ となることからわかる．よって，$I = f^{-1}(J)$ は R の真のイデアルである．これから $I \cap S = \emptyset$ となることがわかる．実際，$s \in I \cap S$ ならば，$f(s) \cdot \dfrac{1}{s} = \dfrac{1}{1} \in J$ となるから，J が R_S の真のイデアルであるという仮定に反する．次に，$IR_S \subseteq J$ となることは明らかである．もし $\dfrac{a}{s} \in J$ ならば，$f(a) = \dfrac{a}{s} \cdot \dfrac{s}{1}$ より，$a \in I$ である．よって，$\dfrac{a}{s} = f(a) \cdot \dfrac{1}{s} \in IR_S$ となる．したがって，$J = IR_S$.

(2)　$IR_S = R_S$ ならば，$a_i \in I$ と $\dfrac{b_i}{s_i} \in R_S$ が存在して，$\sum_i f(a_i)\dfrac{b_i}{s_i} = \dfrac{1}{1}$ となる．ここで，$s = \prod_j s_j, c_i = b_i \cdot (s/s_i)$ とおけば，$\dfrac{b_i}{s_i} = \dfrac{c_i}{s}$ となる．よって，$\dfrac{\sum_i a_i c_i}{s} = \dfrac{1}{1}$. したがって，$S$ の元 t が存在して，$\sum_i a_i c_i t = st$. ここで，$\sum_i a_i c_i t \in I$ となるが，$st \in S$ だから，$I \cap S = \emptyset$ という仮定に反する．よって，IR_S は R_S の真のイデアルである．また，$f(a) \in IR_S$ ならば，上のようにして $\dfrac{a}{1} = \dfrac{\sum_i a_i c_i}{s}$ と書ける．すると，S の元 t が存在して $ast = \sum_i a_i c_i t \in I$. よって，$a \in I_S$ となる．逆に，$I_S \subseteq f^{-1}(IR_S)$ となることは明らかである．□

【系 1.4.5】　P_0 を R の素イデアルとし，$S = R \setminus P_0$ とする．また，P_0 に含まれる R の素イデアル全体の集合を $\mathfrak{P}$ とし，R_S の素イデアル全体の集合を $\mathfrak{P}_S$ とする．このとき，対応 $P \mapsto PR_S$ は集合 $\mathfrak{P}$ と集合 $\mathfrak{P}_S$ の間の 1 対 1 対応である．

証明　まず，PR_S は R_S の素イデアルであることを示す．実際，$\dfrac{a}{s} \cdot \dfrac{b}{t} \in PR_S$ とすると，$u \in S$ が存在して $uab \in P$. 仮定より，$P \subseteq P_0$ だから，$u \notin P$. したがって，$ab \in P$ となる．これから，$a \in P$ または $b \in P$. よって，$\dfrac{a}{s} \in PR_S$ または $\dfrac{b}{t} \in PR_S$.

$f : R \to R_S$ を $f(a) = \dfrac{a}{1}$ で定まる環準同型写像とすると，補題 1.4.4 の (2) によって，$f^{-1}(PR_S) = P_S := \{a \in R \mid \exists s \in S,\ as \in P\}$. もし $as \in P$ ならば，$s \notin P$ だから，$a \in P$. よって，$P_S = P$ である．逆に，$\widetilde{P}$ を R_S の素イデ

アルとすると，$P := f^{-1}(\widetilde{P})$ は R の P_0 に含まれる素イデアルである．実際，$ab \in P$ とすると，$f(ab) = f(a)f(b) \in \widetilde{P}$．よって，$f(a) \in \widetilde{P}$ または $f(b) \in \widetilde{P}$ である．すなわち，$a \in P$ または $b \in P$ となるので，P は R の素イデアルである．また，$P \cap S = \emptyset$ だから，P は P_0 に含まれる．補題1.4.4の(1)によって，$\widetilde{P} = PR_S$ となる．よって，$P \mapsto PR_S$ で定まる写像は $\mathfrak{P}$ と $\mathfrak{P}_S$ の間の全単射である． □

系1.4.5で扱った環 R_S は代数幾何学において重要な役割をする環である．もう一度定義を整頓しておく．R の素イデアル P を1つ取り，その補集合を S とおく．S は R の積閉集合である．このとき，R_S を R_P と書く．R_P は素イデアルとして PR_P をもっているが，実は，PR_P は R_P の真のイデアルの中で最大のイデアルである．このことは次の補題を適用してわかる．

【補題1.4.6】 R を環とし，M をそのイデアルとする．M が R の唯一の極大イデアルである必要十分条件は，$R \setminus M$ の元がすべて単元[1)]となることである．

証明　M が R の唯一の極大イデアルであるとする．$a \in R \setminus M$ が単元でなかったと仮定する．定理1.3.5によって，単項イデアル aR を含む極大イデアル M' が存在する．仮定によって，$M' = M$．したがって，$a \in M$ となって矛盾を生じる．よって，$a \in R \setminus M$ は単元である．逆に，$R \setminus M$ の元がすべて単元であると仮定しよう．まず，M は極大イデアルである．実際，$M \subsetneqq I \subsetneqq R$ となるイデアル I が存在すれば，$a \in I \setminus M$ は単元である．したがって，R に逆元 a^{-1} が存在するので，$1 = a \cdot a^{-1} \in I$ となって，I が真のイデアルであることに矛盾する．また，M は唯一の極大イデアルである．実際，M と異なる極大イデアル M' が存在すれば，$a \in M' \setminus M$ を取って上と同じ議論をすれば矛盾が生じる． □

環 R が唯一の極大イデアル M をもつとき，R または対 (R, M) は**局所環**であるという．

---

1) 可逆元ともいう．環 R の元 a が単元である必要十分条件は $aR = R$ となることである．

【系 1.4.7】　Pを環Rの素イデアルとすると，商環R_Pは極大イデアルPR_Pをもつ局所環である．

証明　$\frac{a}{s} \in R_P \setminus PR_P$と取ると，$a \notin P$．したがって，$a \in S$．よって，$\frac{s}{a}$は$R_P$の元で，$\frac{a}{s}$の逆元である．よって，補題1.4.6より，対$(R_P, PR_P)$は局所環である．□

環Rが整域であるということは，零イデアル(0)が素イデアルということである．したがって，Rが整域ならば，$S = R \setminus \{0\}$は積閉集合である．このとき，$R_S = R_{(0)}$の極大イデアル$(0)R_S$は零イデアルである．したがって，R_Sの非零元はすべて単元である．よって，R_Sは体である．この体をRの**商体**といって，$Q(R)$と表す．例えば，整数環$\mathbb{Z}$の商体$Q(\mathbb{Z})$は有理数体$\mathbb{Q}$である．体k上のn変数多項式環$R = k[x_1, \ldots, x_n]$の商体は分数式$\frac{g}{f}$からなるが，それを$k(x_1, \ldots, x_n)$と書いてn**変数有理関数体**という．分数式はこの場合**有理式**と呼ばれる．Rが整域ならば，任意の積閉集合に関する商環R_Sは商体$Q(R)$の部分環と考えられる．

1.5　素元分解整域

本節では断らない限り，Rは整域を表すものとする．次の簡単な補題を証明しておく．

【補題 1.5.1】　Rの非零元a, bに関する次の2条件は同値である．

(i) $aR = bR$.
(ii) Rの単元uが存在して$a = bu$.

証明　$aR = bR$ならば，$a = bu$, $b = av$と表せる．このとき，$a = bu = avu$となる．これを$a(1 - vu) = 0$と書いて，Rが整域であることに注意すると，$1 = vu$．すなわち，uはRの単元である．逆に，単元uを使って$a = bu$と書けるならば，$b = au^{-1}$である．よって，$a \in bR$, $b \in aR$である．すなわち，

$aR \subseteq bR$, $bR \subseteq aR$ が従う．よって，$aR = bR$. □

$aR = bR$ となるとき，a と b は**同伴**であるといい，$a \sim b$ と表す．同伴関係は同値関係である．

R の元 a の積への分解 $a = bc$ を考える．$a = bc$ という分解が R の中で起こるとき，b か c が必ず単元になるならば，a は**既約元**であるという．a が既約元でないとき，a は**可約元**であるという．$a \sim b$ ならば，a が既約元であることと，b が既約元であることは同値である．一般に，

$$a = ua_1a_2 \cdots a_n$$

と有限個の既約元 $a_1, \ldots, a_n$ と単元 u の積としての表示があるとき，元 a は**既約元分解**をもつという．どんな元も既約元分解をもつわけではない．

■ **例 1.5.2** 有理関数体 $k(x_1, x_2)$ の部分環 R として

$$R = k[x_1, x_2, \frac{x_2}{x_1}, \frac{x_2}{x_1^2}, \ldots, \frac{x_2}{x_1^m}, \ldots]$$

を取る．R の元 x_2 は次のように無限の分解をもつ．

$$x_2 = x_1 \cdot \frac{x_2}{x_1} = x_1 \cdot x_1 \cdot \frac{x_2}{x_1^2} = \cdots = \underbrace{x_1 \cdot x_1 \cdot \cdots \cdot x_1}_{m} \cdot \frac{x_2}{x_1^m}$$

ここで，$m \geq 0$ について，$\dfrac{x_2}{x_1^m}$ は R の単元ではない．

単項イデアル pR が素イデアルになるような非零元 p を**素元**という．

【補題 1.5.3】 (1) 素元は既約元である．

(2) 素元 $p_1, \ldots, p_m, q_1, \ldots, q_n$ および単元 u, v に対して等式

$$up_1p_2 \cdots p_m = vq_1q_2 \cdots q_n \qquad (*)$$

が成立すれば，$m = n$ で，n 文字の置換 σ が存在して $p_i \sim q_{\sigma(i)}$ $(1 \leq i \leq n)$ となる．

証明 (1) p を素元として，$p = bc$ と分解したと仮定する．すると，$bc \in pR$ で，pR は素イデアルだから，$b \in pR$ または $c \in pR$ となる．$b \in pR$ ならば，

$b = pd$ と表されるから，$p = bc = pdc$. すなわち，$p(1 - dc) = 0$. よって，$1 = dc$ となり，c は単元である．同様に，$c \in pR$ ならば，b が単元になる．よって，p は既約元である．

(2) 等式 $(*)$ があると，$vq_1q_2 \cdots q_n \in p_1R$ となる．p_1R は素イデアルだから，$q_1, q_2, \ldots, q_n$ のどれか一つは p_1R に属する．添字 $\{1, 2, \ldots, n\}$ を入れ替えて，$q_1 \in p_1R$ と仮定してもよい．すると，$q_1 = p_1z$ となるが，(1) によって q_1 は既約元だから，z は単元になる．したがって，$p_1 \sim q_1$ となる．このとき，等式 $(*)$ に $q_1 = p_1z$ を代入して，p_1 を両辺から約せば，等式

$$up_2 \cdots p_m = vzq_2 \cdots q_n$$

が得られる．$\min(m, n)$ に関する帰納法を使えば，$m - 1 = n - 1$ となる．さらに，$n - 1$ 文字 $\{2, \ldots, n\}$ の置換 τ が存在して $p_i \sim q_{\tau(i)}$ $(2 \leq i \leq n)$ となる．この τ を $\tau(1) = 1$ として n 文字 $\{1, 2, \ldots, n\}$ の置換に拡張し，先に n 文字の入れ替えに使った置換と合成して σ とおけば，$p_i \sim q_{\sigma(i)}$ $(1 \leq i \leq n)$ となる．□

定義 1.5.4　整域 R が次の 2 条件

(i) R の非零元は単元であるか既約元分解をもつ

(ii) 既約元分解の等式

$$ua_1a_2 \cdots a_m = vb_1b_2 \cdots b_n, \quad u, v \text{ は単元，} \quad a_i, b_j \text{ は既約元}$$

が与えられると，$m = n$ で，添字集合 $\{1, 2, \ldots, n\}$ の置換 σ が存在して $a_i \sim b_{\sigma(i)}$　$(1 \leq i \leq n)$

を満たすとき，R は**一意分解整域**という．

上の (ii) の条件を**既約元分解の一意性**という．

次の結果は重要である．

【補題 1.5.5】　整域 R が定義 1.5.4 の (i) の条件を満たすとき，既約元分解の一意性に関する (ii) の条件は次の条件に同値である．

(ii)$'$ 任意の既約元は素元である.

証明 条件 (ii)$'$ から条件 (ii) が従うことは補題 1.5.3 の (2) による. 条件 (ii) から条件 (ii)$'$ が従うことを示そう. a を既約元とし, $bc \in aR$ とする. このとき, $d \in R$ が存在して $ad = bc$ となる. 元 b, c, d の既約元分解を

$$b = ub_1b_2\cdots b_\ell, \quad c = vc_1c_2\cdots c_m, \quad d = wd_1d_2\cdots d_n$$

とする. これらを等式 $ad = bc$ に代入して

$$wad_1d_2\cdots d_n = uvb_1b_2\cdots b_\ell c_1c_2\cdots c_m$$

が得られる. この等式は既約元分解の等式である. 既約元分解の一意性によって, 既約元 a は $b_1, b_2, \ldots, b_\ell, c_1, c_2, \ldots, c_m$ のどれか一つに同伴である. a が $b_1, b_2, \ldots, b_\ell$ の b_i に同伴であれば, $b \in b_iR = aR$ となり, a が $c_1, c_2, \ldots, c_m$ の c_j に同伴であれば, $c \in c_jR = aR$ となる. これは a が素元であることを示している. □

条件 (i) と (ii)$'$ を満たす整域を**素元分解整域**[2] といって, UFD と略称する. 補題 1.5.5 によって, 一意分解整域と素元分解整域は同じ性質をもつ整域である. 以降, 一意分解整域とはいわずに, 素元分解整域という. 整数環 $\mathbb{Z}$ や 1 変数多項式環 $k[x]$ は単項イデアル整域である. このとき次の結果が成立する.

【補題 1.5.6】 単項イデアル整域は素元分解整域である.

証明 まず, R の非零元が既約元分解をもつことを示す. 元 a が既約元分解をもたないと仮定する. a は単元ではないから, $aR \neq R$. a は既約元ではないから, 単元ではない元 a_1, a_1' が存在して $a = a_1a_1'$ と書ける. ここで, a_1, a_1' の両方が既約元分解をもつことはない. もし両方が既約元分解をもてば, a も既約元分解をもつからである. a_1 が既約元分解をもたないとしてもよい. このとき, $aR \subsetneqq a_1R$ である. 次に, a の代わりに a_1 を考えると, $a_1 = a_2a_2'$ と書けて, a_2 は既約元分解をもたず, $a_1R \subsetneqq a_2R$ とできる. この議論を次々に繰

[2] unique factorization domain

り返すと，R の真のイデアルの増大列

$$aR \subsetneqq a_1R \subsetneqq \cdots \subsetneqq a_nR \subsetneqq \cdots \subsetneqq R$$

が得られる．そこで，$I = \bigcup_{n\geq 1} a_nR$ とおくと，I は真のイデアルである．R は単項イデアル整域だから，$I = bR$ と表せる．このとき，$b \in a_nR$ となる n が存在する．よって，$b = a_nc$ である．しかし，$a_n \in bR$ だから，$a_n = bd$ となる．したがって，$b = a_nc = bcd$ となり，c は単元である．よって，$I = bR = a_nR$ となるが，$a_nR \subsetneqq a_{n+1}R \subsetneqq I$ であったから，これは矛盾である．したがって，R の非零元は既約元分解をもつ．

次に，p を既約元として，p が素元になることを示す．$ab \in pR$ とすると，$ab = pc$ と書ける．イデアル $aR + pR$ が真のイデアルならば，$aR + pR = qR$ と表せる．このとき，$p \in qR$ だから，$p = qu$ と書ける．p は既約元であるから，u は単元である．よって，$pR = qR$. $a \in qR$ だから，$a \in pR$. もし $aR + pR = R$ ならば，元 u, v が存在して，$au + pv = 1$ と書ける．このとき，$b = b(au + pv) = pcu + pbv = p(cu + bv) \in pR$ である．よって，p は素元である．□

素元分解整域 R の元 a は $a = up_1p_2\cdots p_n$ と単元 u と素元 $p_1, p_2, \ldots, p_n$ の積として表される．ここで $p_1, p_2, \ldots, p_n$ の間に互いに同伴な元が存在してもよい．しかし，互いに同伴な素元を整理して，

$$a = up_1^{n_1}p_2^{n_2}\cdots p_r^{n_r}, \quad p_i \not\sim p_j\ (i \neq j)$$

と表すこともできる．ここで，$n_i > 0$ であるが，2元以上の素元分解を比較するときは，$n_i \geq 0$ とすることもある．このとき，$p_i^0 = 1$ と約束する．このような素元分解を**重複のない分解**という．2つの元 a_1, a_2 の重複のない素元分解を

$$a_1 = u_1p_1^{m_1}p_2^{m_2}\cdots p_r^{m_r}, \quad a_2 = u_2p_1^{n_1}p_2^{n_2}\cdots p_r^{n_r}, \quad p_i \not\sim p_j\ (i \neq j)$$

とするとき，a_1, a_2 の**最大公約元** $\gcd(a_1, a_2)$ と**最小公倍元** $\mathrm{lcm}\,(a_1, a_2)$ を

$$\gcd(a_1, a_2) = \prod_{i=1}^{r} p_i^{\min(m_i, n_i)}, \quad \mathrm{lcm}\,(a_1, a_2) = \prod_{i=1}^{r} p_i^{\max(m_i, n_i)}$$

と定義する．$\gcd(a_1, a_2) = 1$ のとき，a_1 と a_2 は**互いに素**であるという．2元以上の場合にも，元 $a_1, a_2, \ldots, a_m$ が互いに素というのは，$a_1, a_2, \ldots, a_m$ のすべてを割る素元が存在しないときにいう．互いに素でない場合には，$a_1, a_2, \ldots, a_m$ の重複のない素元分解

$$a_j = u_j \prod_{\ell=1}^{r} p_\ell^{n_{j\ell}}, \quad p_\ell \not\sim p_k \ (\ell \neq k), \ \ 1 \leq j \leq m$$

を考えて，最大公約元 $d = \gcd(a_1, \ldots, a_m)$ を $d = \prod_{\ell=1}^{r} p_\ell^{\min(n_{1\ell}, \ldots, n_{m\ell})}$ と定義することができる．このとき，$\dfrac{a_1}{d}, \ldots, \dfrac{a_m}{d}$ は互いに素である．

次に示す結果は重要な結果である．

【定理 1.5.7】 R を素元分解整域とすると，R 上の1変数多項式環 $R[x]$ も素元分解整域である．

この結果を示すためにはいくつかの準備が必要である．

【補題 1.5.8】 整域 R の商体 $Q(R)$ を K とおくと，R 上の1変数多項式環は K 上の多項式環 $K[x]$ の部分環である．とくに，$R[x]$ は整域である．

証明 R を K の部分環と見なすことができることは既に説明した．したがって，$R[x]$ は $K[x]$ の部分環である．ここで，$K[x]$ は整域だから，$R[x]$ も整域である．（補題 1.3.1 参照．） □

$f(x) = a_n x^n + a_{n-1} x^{n-1} + \cdots + a_1 x + a_0$ を $R[x]$ の元とする．係数 $a_n, a_{n-1}, \ldots, a_1, a_0$ が互いに素であるとき，$f(x)$ は**原始的**であるという．定数でない多項式 $f(x) \in R[x]$ は $f(x) = d f_{\mathrm{red}}(x)$ と R の元 a と原始的多項式 $f_{\mathrm{red}}(x)$ の積に表される．実際，$d = \gcd(a_n, a_{n-1}, \ldots, a_1, a_0)$ として，

$$f_{\mathrm{red}}(x) = \frac{a_n}{d} x^n + \frac{a_{n-1}}{d} x^{n-1} + \cdots + \frac{a_1}{d} x + \frac{a_0}{d}$$

とおけばよい．$f(x), g(x) \in R[x]$ に対して，同伴関係 $f(x) \sim g(x)$ を R の単元 u が存在して $g(x) = u f(x)$ となることと定義する[3]．$f(x) \sim g(x)$ ならば，

[3] $R[x]$ の単元は R の単元である．$f(x)$ を $R[x]$ の単元とすれば，$f(x)g(x) = 1$ となる $R[x]$

$f_{\mathrm{red}}(x) \sim g_{\mathrm{red}}(x)$ となることは明らかである．$f_{\mathrm{red}}(x)$ を $f(x)_{\mathrm{red}}$ と書くこともある．

【補題 1.5.9】

(1) $f(x), g(x)$ が $R[x]$ の原始的多項式ならば，$f(x)g(x)$ も原始的多項式である．

(2) 必ずしも原始的でない多項式 $f(x), g(x) \in R[x]$ に対して，$(f(x)g(x))_{\mathrm{red}} \sim f_{\mathrm{red}}(x)g_{\mathrm{red}}(x)$.

証明　(1)　$f(x) = a_n x^n + a_{n-1}x^{n-1} + \cdots + a_1 x + a_0$，$g(x) = b_m x^m + b_{m-1}x^{m-1} + \cdots + b_1 x + b_0$ として，R の任意の素元 p を取ると，

$$p \mid a_n, \ldots, p \mid a_{r+1}, p \nmid a_r, \quad p \mid b_m, \ldots, p \mid b_{s+1}, p \nmid b_s$$

を満たすような整数 $0 \leq r \leq n$，$0 \leq s \leq m$ が存在する．ここで，$f(x)g(x)$ の x^{r+s} の係数は

$$a_r b_s + \sum_{i>r} a_i b_{r+s-i} + \sum_{j>s} a_{r+s-j} b_j$$

であるが，第 2 項と第 3 項は p で割り切れる．しかし，$p \nmid a_r b_s$ である．よって，$f(x)g(x)$ は原始的多項式である．

(2)　$f(x) = af_{\mathrm{red}}(x)$，$g(x) = bg_{\mathrm{red}}(x)$ と書くと，$f(x)g(x) = abf_{\mathrm{red}}(x) g_{\mathrm{red}}(x)$ となって，(1) により $f_{\mathrm{red}}(x)g_{\mathrm{red}}(x)$ は原始的多項式である．よって，$(f(x)g(x))_{\mathrm{red}} \sim f_{\mathrm{red}}(x)g_{\mathrm{red}}(x)$ となる．□

R の商体を K とする．$f(x) \in R[x]$ が**原始的既約多項式**というのは，

(i) $f(x)$ は $K[x]$ の元として既約元，

(ii) $f(x)$ は原始的多項式，

の 2 条件が満たされるときにいう．

の元 $g(x)$ が存在する．補題 1.3.1 の証明のように，$f(x), g(x)$ を表して $f(x)g(x)$ を計算すれば，$f(x)g(x) = 1$ から $\deg f(x) = \deg g(x) = 0$ であることがわかる．よって，$f(x)$ は R の単元である．

【補題 1.5.10】 次のことがらが成立する．

(1) $R[x]$ の任意の元 $f(x)$ は, R の単元 u, R の素元 $p_1, \ldots, p_m$, $R[x]$ の原始的既約多項式 $P_1(x), \ldots, P_n(x)$ の積として，$f(x) = up_1 \cdots p_m P_1(x) \cdots P_n(x)$ として表される．

(2) R の素元 p と $R[x]$ の原始的既約多項式 $P(x)$ は $R[x]$ の素元である．

証明 (1) $f(x)$ は $K[x]$ の元として既約元の積 $f(x) = \alpha\xi_1(x) \cdots \xi_n(x)$ と表される．ただし，$\alpha \in K$．また，原始的既約多項式 $P_1(x), \ldots, P_n(x)$ が存在して，$\xi_i(x) = \alpha_i P_i(x)$ $(1 \leq i \leq n)$ と書ける．実際，$\xi_i(x)$ の係数を K の元として R の元の分数の形に表し，通分をして共通分母の分母として書きなおす．すると，$\xi_i(x)$ は $R[x]$ の多項式と K の元の積になる．その後で，$R[x]$ の多項式を R の元と原始多項式の積として書きなおせばよい．したがって，

$$f(x) = \frac{a}{b} P_1(x) \cdots P_n(x), \quad a, b \in R, \ \gcd(a, b) = 1$$

と書ける．このとき，$bf(x) = aP_1(x) \cdots P_n(x)$ で，$P_1(x) \cdots P_n(x)$ は原始的多項式である．したがって，$b \mid a$．よって，$b = 1$ と仮定してもよい．そこで，$a = up_1 \cdots p_m$ と R の中で単元と素元の積に分解すればよい．

(2) $R[x]/pR[x] = (R/(p))[x]$ であるが，p は R の素元だから $R/(p)$ は整域である．したがって，補題 1.5.8 により，$(R/(p))[x]$ は整域である．これから，p は $R[x]$ でも素元であることがわかる．原始的既約多項式 $P(x)$ を考える．$P(x)$ は $K[x]$ の既約元だから，$K[x]/(P(x))$ は整域である．環準同型写像

$$\varphi : R[x] \to K[x] \to K[x]/(P(x)), \quad \varphi(f(x)) = f(x) + (P(x))$$

において，$f(x) \in \operatorname{Ker} \varphi$ と取る．すると，$f(x) + (P(x)) = (P(x))$ だから，$f(x) \in P(x)K[x]$ となる．すなわち，$a, b \in R$, $Q(x)$ を原始的多項式として，$f(x) = \dfrac{a}{b} P(x)Q(x)$ と表せる．$\gcd(a, b) = 1$ としてもよい．すると，$bf(x) = aP(x)Q(x)$ と書けて，$P(x)Q(x)$ は原始的多項式である．よって，$b \mid a$ となり，$b = 1$ と仮定してもよい．すなわち，$f(x)$ は $R[x]$ の元として $P(x)$ で割り切れる．逆に，$P(x) \mid f(x)$ ならば，$f(x) \in \operatorname{Ker} \varphi$ である．したがって，$\operatorname{Ker} \varphi = P(x)R[x]$．ここで φ に準同型定理（定理 1.2.1）を使うと，

$R[x]/(P(x)) \cong \mathrm{Im}\,\varphi \hookrightarrow K[x]/(P(x))$ となる．よって，$R[x]/(P(x))$ は整域である．これから，$P(x)$ が $R[x]$ の素元であることがわかる．□

補題 1.5.10 は定理 1.5.7 が成立していることを示している．

【系 1.5.11】 素元分解整域 R 上の n 変数多項式環 $R[x_1, \ldots, x_n]$ は素元分解整域である．とくに，体 k 上の n 変数多項式環 $k[x_1, \ldots, x_n]$ は素元分解整域である．

1.6　ネーター環と有限生成加群

環 R のイデアルが有限個の元 $a_1, \ldots, a_n$ で $I = a_1R + a_2R + \cdots + a_nR$ と生成されるとき，I は**有限生成イデアル**といい，$I = (a_1, \ldots, a_n)$, $I = \sum_{i=1}^{n} a_iR$ などと表す．また，これらの元の組 $\{a_1, \ldots, a_n\}$ を I の**有限生成系**という．

【補題 1.6.1】 環 R のイデアルに関する次の 2 条件は同値である．

(1) R の任意のイデアルは有限生成イデアルである．

(2) R のイデアルの昇鎖列

$$I_1 \subseteq I_2 \subseteq \cdots \subseteq I_n \subseteq \cdots$$

が与えられると，$N\ (\geq 1)$ が存在して，$I_n = I_N\ (\forall\, n \geq N)$ となる．

証明 (1) ⇒ (2)．$I = \bigcup_{i=1}^{\infty} I_i$ は R のイデアルである．よって，$I = (a_1, \ldots, a_n)$ と表される．ここで，$a_i \in I_N \quad (1 \leq \forall\, i \leq n)$ となる N を取れば，$I = I_N$ となる．よって，$I_n = I_N \quad (\forall\, n \geq N)$．

(2) ⇒ (1)．I を R のイデアルとする．$a_1 \in I$ を取り，$I_1 = (a_1)$ とおく．$I_1 \subsetneqq I$ ならば，$a_2 \in I \setminus I_1$ を取り $I_2 = (a_1, a_2)$ とおくと，$I_1 \subsetneqq I_2$．$I_2 \subsetneqq I$ ならば，$a_3 \in I \setminus I_2$ を取り $I_3 = (a_1, a_2, a_3)$ とおく．もしこの操作が無限回続くと，イデアルの無限昇鎖列

$$I_1 \subsetneqq I_2 \subsetneqq I_3 \subsetneqq \cdots \subsetneqq I_n \subsetneqq \cdots$$

が存在することになって (2) の条件に反する．よって，$I_n = (a_1, \ldots, a_n) = I$ となる n が存在する． □

上の条件 (2) をイデアルの**昇鎖律**といい，昇鎖律を満たす環を**ネーター環**という．

【補題 1.6.2】 R をネーター環とすると，次のことがらが成立する．

(1) R の剰余環 $\overline{R} = R/I$ はネーター環である．

(2) S を R の積閉集合とすると，商環 R_S はネーター環である．

証明 (1) $\theta : R \to \overline{R}$ を剰余環準同型写像とすると，I を含む R のイデアルと $\overline{R}$ のイデアルが $J \mapsto \theta(J) = J/I$, $\overline{J} \mapsto \theta^{-1}(\overline{J})$ という対応で 1 対 1 に対応する（補題 1.2.2）．$\overline{R}$ のイデアルの昇鎖列

$$\overline{J}_1 \subseteq \overline{J}_2 \subseteq \cdots \subseteq \overline{J}_n \subseteq \cdots$$

に対して，$J_n = \theta^{-1}(\overline{J}_n)$ とおけば，

$$J_1 \subseteq J_2 \subseteq \cdots \subseteq J_n \subseteq \cdots$$

は R のイデアルの昇鎖列である．R において昇鎖律が成立するから，$J_n = J_N$ ($\forall\, n \geq N$) となる N が存在する．$\overline{J}_n = \theta(J_n)$ だから，$\overline{J}_n = \overline{J}_N$ ($\forall\, n \geq N$) となる．すなわち，$\overline{R}$ において昇鎖律が成立する．

(2) 補題 1.4.4 を用いる．R_S のイデアルの昇鎖列を

$$J_1 \subseteq J_2 \subseteq \cdots \subseteq J_n \subseteq \cdots$$

とし，環準同型写像 $f : R \to R_S$ により，逆像 $I_j = f^{-1}(J_j)$ を取れば，I_j は R のイデアルで $I_j \cap S = \emptyset$ を満たす．また，

$$I_1 \subseteq I_2 \subseteq \cdots \subseteq I_n \subseteq \cdots$$

は R のイデアルの昇鎖列である．よって，$I_n = I_N$ ($\forall\, n \geq N$) となる N が存在する．補題 1.4.4 の (1) によって，$J_n = I_n R_S$ である．したがって，$J_n = J_N$ ($\forall\, n \geq N$) となる．よって，R_S において昇鎖律が成立する． □

次の補題では R 上の加群や部分加群を取り扱うが，その定義については [3] の 3.5 節を参照すること．

【補題 1.6.3】　R をネーター環，M を有限生成 R-加群，N を M の部分 R-加群とすると，N も有限生成 R-加群である．

証明　$M = Rm_1 + Rm_2 + \cdots + Rm_s$ と表して，生成系 $\{m_1, m_2, \ldots, m_s\}$ の個数 s に関する帰納法で証明する．

$s = 1$ のとき，$M = Rm_1$ である．$I = \{a \in R \mid am_1 \in N\}$ とおくと，I は R のイデアルである．R はネーター環であるから，$I = (a_1, \ldots, a_n)$ と書ける．このとき，$N = Im_1 = R(a_1m_1) + \cdots + R(a_nm_1)$ となる．したがって，$\{a_1m_1, \ldots, a_nm_1\}$ は R-加群 N の有限生成系である．

s が一般の場合，$I = \{a \in R \mid \exists\, b_2, \ldots, b_s \in R,\ am_1 + b_2m_2 + \cdots + b_sm_s \in N\}$ とおくと，I は R のイデアルである．よって，$I = (a_1, \ldots, a_n)$ と表される．このとき，$1 \leq \forall\, i \leq n$ に対して N の元 $z_1, \ldots, z_n$ が存在して，

$$z_i = a_im_1 + b_{i2}m_2 + \cdots + b_{is}m_s$$

となる．ここで，$M' = Rm_2 + \cdots + Rm_s$ とおき，$N' = M' \cap N$ とおく．帰納法の仮定により N' は有限生成 R-加群だから，$N' = Rv_1 + \cdots + Rv_t$ と表される．N の任意の元 z に対して，$a \in I$ が存在して，$z - am_1 \in M'$ となるが，$a = a_1c_1 + \cdots + a_nc_n$ と書くと，$z - (c_1z_1 + \cdots + c_nz_n) \in M'$ である．$z, z_1, \ldots, z_n \in N$ だから，$z - (c_1z_1 + \cdots + c_nz_n) \in M' \cap N = N'$．ここで，$N_0 := Rz_1 + \cdots + Rz_n + Rv_1 + \cdots + Rv_t$ とおくと，$z \in N_0$．よって，$N \subseteq N_0$．逆の包含関係 $N_0 \subseteq N$ は明らかだから，$N = N_0$ となって，N が有限生成系 $\{z_1, \ldots, z_n, v_1, \ldots, v_t\}$ をもつことがわかる．　□

次の結果の後半は**ヒルベルトの基底定理**と呼ばれる．

【定理 1.6.4】　R をネーター環とすると，R 上の 1 変数多項式環 $R[x]$ はネーター環である．とくに，体 k 上の n 変数多項式環 $k[x_1, x_2, \ldots, x_n]$ はネーター環である．

証明 J を $R[x]$ のイデアルとして，

$$I = \{a \in R \mid \exists\, f = ax^n + (\text{低次の項}) \in J\}$$

とおくと，I は R のイデアルである．実際，$f = ax^n + (\text{低次の項})$，$g = bx^m + (\text{低次の項})$ が J の元ならば，$x^m f + x^n g = (a+b)x^{n+m} + (\text{低次の項}) \in J$ となるので，$a + b \in I$．また，$c \in R$ ならば，$cf = cax^n + (\text{低次の項}) \in J$ だから，$ca \in I$ となる．

R はネーター環だから $I = (a_1, \ldots, a_r)$ と表される．すると，各 a_i $(1 \leq i \leq r)$ に対して J の元 f_i $(1 \leq i \leq r)$ が存在し，$f_i = a_i x^n + (\text{低次の項})$ と書ける．ここで，f_i の次数は同じ n に取れる．実際，$n_i = \deg f_i$ とすると，$n = \max(n_1, \ldots, n_r)$ と取り，f_i を $x^{n-n_i} f_i$ で置き換えればよい．ここで，$M = R \cdot 1 + Rx + \cdots + Rx^{n-1} = \{f \in R[x] \mid \deg f < n\}$, $N = J \cap M$ とおくと，N は有限生成 R-加群 M の部分 R-加群である．よって，補題 1.6.3 により N は有限生成 R-加群であるから，$N = Rg_1 + \cdots + Rg_s$ と書ける．このとき，J は $\{f_1, \ldots, f_r, g_1, \ldots, g_s\}$ によって生成されるイデアル J_0 に等しいことを示す．

実際，$f \in J$ と取る．$\deg f < n$ ならば，$f \in N$．よって，$f \in Rg_1 + \cdots + Rg_s \subseteq J_0$．$\deg f \geq n$ ならば，$f = ax^{n'} + (\text{低次の項})$ と表すと，$a \in I$．したがって，$a = c_1 a_1 + \cdots + c_r a_r$ と書ける．すると，

$$\deg\left(f - x^{n'-n}(c_1 f_1 + \cdots + c_r f_r)\right) < n' .$$

$\deg f$ に関する帰納法を使えば，$f - x^{n'-n}(c_1 f_1 + \cdots + c_r f_r) \in J_0$ と仮定してもよい．よって，

$$f \in f_1 R[x] + \cdots + f_r R[x] + g_1 R[x] + \cdots + g_s R[x] = J_0$$

となる．したがって，$J \subseteq J_0$．逆の包含関係は明らかである．

後半の主張を証明するには，n に関する帰納法を使う．$n = 1$ のとき，$k[x_1]$ は単項イデアル整域だから，すべてのイデアルは有限生成イデアルである．実際には，一つの元で生成される．よって，補題 1.6.1 によって，$k[x_1]$ はネーター環である．$k[x_1, \ldots, x_{n-1}]$ がネーター環ならば，$k[x_1, \ldots, x_{n-1}, x_n]$ は

$k[x_1, \ldots, x_{n-1}]$ 上の1変数多項式環だから，前半の主張により，$k[x_1, \ldots, x_n]$ もネーター環である．□

次の結果を証明しておこう．

【補題 1.6.5】 R をネーター整域とすると，R の非零元は既約元分解をもつ．

証明　主張が成立しなかったとして矛盾を導く．$\mathfrak{S}$ によって，R の単項イデアル aR で $aR \neq R$ であり，a が既約元分解をもたないもの全体の集合を表す．$aR = a'R$ とすれば，a が既約元分解をもたないことと a' がもたないことは同値である．$\mathfrak{S}$ は包含関係によって順序集合であるが，その全順序部分集合は昇鎖律によって上界をもつ．したがって，$\mathfrak{S}$ は帰納的集合である．ツォルンの補題によって $\mathfrak{S}$ には極大元が存在するが，aR をその極大元とすれば，a は既約元分解をもたない．とくに，a は既約元ではないから，$a = bc$ と分解して，b, c は単元でない．したがって，$aR \subsetneqq bR$ かつ $aR \subsetneqq cR$ である．aR は $\mathfrak{S}$ の極大元であるから，$bR \notin \mathfrak{S}$ かつ $cR \notin \mathfrak{S}$ となる．すなわち，元 b と c は既約元分解

$$b = ub_1b_2 \cdots b_r, \quad c = vc_1c_2 \cdots c_s$$

をもつ．すると，$a = bc = uvb_1b_2 \cdots b_rc_1c_2 \cdots c_s$ は a の既約元分解である．これは矛盾である．□

1.7　ネーターの正規化定理

k を体とする．環 R が k を部分体として含むとき，R は k-**多元環**または k-**代数**という．k-多元環 R が環として k 上有限個の元 $a_1, \ldots, a_n$ で生成されるとき，R は k 上**有限生成**であるという．すなわち，R の任意の元 a に対して，n 変数多項式環 $k[x_1, \ldots, x_n]$ の元 $f(x_1, \ldots, x_n)$ が存在し $a = f(a_1, \ldots, a_n)$ と表される．このとき，$\{a_1, \ldots, a_n\}$ を k-多元環 R の**有限生成系**という．

【補題 1.7.1】 R を体 k 上の有限生成多元環，$\{a_1, \ldots, a_n\}$ をその有限生成系とすると，n 変数多項式環 $k[x_1, \ldots, x_n]$ から R への全射環準同型写像

$\sigma : k[x_1, \ldots, x_n] \to R$ が存在して，k への制限 $\sigma|_k$ は恒等写像になる．さらに，$I = \mathrm{Ker}\,\sigma$ は $k[x_1, \ldots, x_n]$ の有限生成イデアルである．とくに，R はネーター環である．

証明　環準同型写像 $\sigma : k[x_1, \ldots, x_n] \to R$ を $\sigma|_k = \mathrm{id}$, $\sigma(x_i) = a_i$ $(1 \leq i \leq n)$ と定義すればよい．この写像 σ は全射だから，R は剰余環 $k[x_1, \ldots, x_n]/I$ に同型である．ここで，$I = \mathrm{Ker}\,\sigma$ である．定理1.6.4によって，$k[x_1, \ldots, x_n]$ はネーター環だから，R もネーター環である．□

この補題におけるイデアル $I \subseteq k[x_1, \ldots, x_n]$ に属する多項式 $f(x_1, \ldots, x_n)$ は $a_1, \ldots, a_n$ を代入すると $f(a_1, \ldots, a_n) = 0$ となり，$a_1, \ldots, a_n$ の間の関係式を表す．次に，これらの関係式を整理することを考える．

B を k-多元環，A をその k を含む部分環（k-**部分多元環**という）とする．B の元 b が A 上**整**というのは，b が A-係数の**モニック**な関係式

$$b^n + a_{n-1}b^{n-1} + \cdots + a_1 b + a_0 = 0, \quad a_{n-1}, \ldots, a_1, a_0 \in A$$

を満たすことである．モニックというのは，b の最高次の項 b^n の係数が1ということである．何故このような関係に注目するのかというと，

$$\begin{aligned}
b^{n+1} &= b \cdot b^n = b \cdot \left\{ - \left(a_{n-1}b^{n-1} + \cdots + a_1 b + a_0 \right) \right\} \\
&= - a_{n-1}b^n - a_{n-2}b^{n-1} - \cdots - a_1 b^2 - a_0 b \\
&= - a_{n-1} \left\{ - \left(a_{n-1}b^{n-1} + \cdots + a_1 b + a_0 \right) \right\} - a_{n-2}b^{n-1} - \cdots - a_1 b^2 \\
&\quad - a_0 b \\
&= (a_{n-1}^2 - a_{n-2})b^{n-1} + (a_{n-1}a_{n-2} - a_{n-3})b^{n-2} + \cdots + a_{n-1}a_0
\end{aligned}$$

のように，$b^n, b^{n+1}, \ldots$ など b の $n-1$ より高次の項を低次の項 $b^{n-1}, \ldots, b, b^0$ の A 係数の一次結合で表すことができるからである．B の元がすべて A 上整であるとき，B は A の**整拡大**であるという．整拡大の性質を次のようにまとめておこう．

【補題 1.7.2】　(1)　B の元 b が A 上整であるための必要十分条件は，A を含む B の k-部分多元環 C が存在して，$b \in C$ かつ C は有限生成 A-加群となること

である.

(2) Aを含むk-部分多元環Cが存在して，Cは有限生成A-加群であると仮定する．Bの元bがC上整であれば，bはA上整である.

証明　(1) bがA上整であると仮定して，$C = A[b]$とおく．CはA-加群として，$1, b, b^2, \ldots, b^n, b^{n+1}, \ldots$で生成されているが，上に説明したように$b^n, b^{n+1}, \ldots$は$1, b, \ldots, b^{n-1}$の$A$上の一次結合として書ける．よって，$C$は$A$上$1, b, \ldots, b^{n-1}$で生成される有限生成$A$-加群である.

逆に，Cが有限生成A-加群で$b \in C$であると仮定する．$C = Am_1 + \cdots + Am_n$と表す．$b \in C$でCは環だから，$bm_i \in C \quad (1 \leq i \leq n)$．よって，$1 \leq i \leq n$に対して，

$$bm_i = a_{i1}m_1 + a_{i2}m_2 + \cdots + a_{in}m_n, \quad a_{ij} \in A \tag{1.1}$$

と表せる．そこで，(i,j)-成分をa_{ij}とするn次正方行列$D = (a_{ij})$を考えると，上の関係式(1.1)は$b^t(m_1, \ldots, m_n) = D^t(m_1, \ldots, m_n)$と表される．ただし，${}^t(m_1, \ldots, m_n)$は行ベクトル$(m_1, \ldots, m_n)$の転置行列で列ベクトルを表す．したがって，

$$(bE_n - D)^t(m_1, \ldots, m_n) = {}^t(0, \ldots, 0) \tag{1.2}$$

となる．ただし，E_nはn次単位行列である．$H = bE_n - D$とおく．Hの随伴行列をH^*とし$h = \det H$とすると，$HH^* = H^*H = hE_n$である．(1.2)の両辺にH^*をかけると，$hm_1 = \cdots = hm_n = 0$となることがわかる．ここで，Cの単位元1は$1 = a_1m_1 + \cdots + a_nm_n$と表される．この両辺に$h$をかけて$h = 0$となることがわかる．そこで，行列式$h = \det(bE_n - D)$を展開すると，$b$の$A$上のモニックな関係式が得られる．すなわち，$b$は$A$上整である.

(2) bはC上整だから，モニックな関係式

$$b^n + c_{n-1}b^{n-1} + \cdots + c_1b + c_0 = 0, \quad c_{n-1}, \ldots, c_1, c_0 \in C$$

を満たす．ここで，(1)によって$c_{n-1}, \ldots, c_1, c_0$は$A$上整である．このとき$C$の部分環$A[c_{n-1}, \ldots, c_1, c_0]$は有限生成$A$-加群である．実際，$A$-加群と

して単項式 $c_0^{r_0}c_1^{r_1}\cdots c_{n-1}^{r_{n-1}}$ $(r_i \geq 0)$ 全体で生成されているが，各 i について，c_i の高次の項は一定次数以下の低次の項による A 上の一次結合として表せる．よって，$A[c_{n-1},\ldots,c_1,c_0]$ は各 i について次数が一定次数以下の単項式で生成される．したがって，有限生成 A-加群となる．次に，B の部分環 $A[b,c_{n-1},\ldots,c_1,c_0]$ を考えると，上と同様の理由で，有限生成 A-加群となる．よって，b は A 上整である． □

次の結果は**ネーターの正規化定理**と呼ばれる．

【定理 1.7.3】 R を体 k 上の有限生成整域とすると，R は k 上の n 変数多項式環 $k[x_1,\ldots,x_n]$ を k-部分多元環として含み，R は $k[x_1,\ldots,x_n]$ 上整拡大になっている．この多項式環の変数の数 n は R によって一通りに定まる．

証明 記号を少し変えて，$R=k[Y_1,\ldots,Y_m]/P$ とおく．R は整域と仮定しているので，P は素イデアルである．$y_i=Y_i+P$ とおくと，$R=k[y_1,\ldots,y_m]$ となって，$\{y_1,\ldots,y_m\}$ は R の有限生成系である．$P=(0)$ ならば，R は k 上の m 変数多項式環である．このとき，$n=m$ となる．$P\neq(0)$ ならば，0 でない k-係数多項式 $f(Y_1,\ldots,Y_m)$ が存在して，$f(y_1,\ldots,y_m)=0$ となる．そこで，$z_i=y_i-y_1^{r_i}$ $(2\leq i\leq m)$ とおいて，$r_i>0$ とする．ここで，r_2 を十分に大きく取り，r_3 を r_2 よりも十分に大きく取るというように続けて，r_m をその前の r_{m-1} よりも十分大きく取る．すなわち，$0\ll r_2\ll r_3\ll\cdots\ll r_m$ と取ることにすれば，

$$
\begin{aligned}
f(y_1,\ldots,y_m) &= f(y_1, z_2+y_1^{r_2},\ldots,z_m+y_1^{r_m})\\
&= by_1^N + (k[z_2,\ldots,z_m]\text{ に係数をもつ }y_1\text{ の低次の項})\\
&= 0
\end{aligned}
$$

と表される．ここで，b は k の非零元である．この式は y_1 が $k[z_2,\ldots,z_m]$ 上に整であることを示している．また，$y_i=z_i+y_1^{r_i}$ $(2\leq i\leq m)$ だから，$y_2,\ldots,y_m$ は $k[y_1,z_2,\ldots,z_m]$ 上整である．$k[y_1,z_2,\ldots,z_m]$ は有限生成 $k[z_2,\ldots,z_m]$-加群だから，補題 1.7.2 の (2) によって，$y_2,\ldots,y_m$ は $k[z_2,\ldots,z_m]$ 上に整である．したがって，$k[y_1,y_2,\ldots,y_m]$ は有限生成 $k[z_2,

$\ldots, z_m]$-加群である．よって，$k[y_1, \ldots, y_m]$ の任意の元は $k[z_2, \ldots, z_m]$ 上整である．

以上によって，R を $k[z_2, \ldots, z_m]$ で置き換えて議論してもよいことがわかる．実際，$k[z_2, \ldots, z_m]$ が多項式環 $k[x_1, \ldots, x_n]$ の上に整ならば，補題 1.7.2 の (2) によって，$k[y_1, \ldots, y_m]$ は $k[x_1, \ldots, x_n]$ 上に整である．　□

R の商体を $K = Q(R)$ とおくと，$K \supseteq k(x_1, \ldots, x_n)$ で，$k(x_1, \ldots, x_n)$ は有理関数体（**純超越拡大体**ともいう）であり，K は $k(x_1, \ldots, x_n)$ 上有限次代数拡大体になっている．したがって，$\{x_1, \ldots, x_n\}$ は K の k 上の**超越基底**であり，n は K の k 上の**超越次数**になっている．この n は K によってただ一通りに定まる．定理 1.7.3 の後半部分はこの考察から従う．詳細については，[4] の 6.11 節を参照すること．次の結果を証明しておく．

【補題 1.7.4】　B はその部分環 A 上整拡大であると仮定する．B が体ならば，A も体である．B が整域で A が体ならば，B も体である．

証明　a を A の非零元とする．B は体だから，a は B の元として逆元 a^{-1} をもつ．a^{-1} は A 上整だから，関係式

$$\left(\frac{1}{a}\right)^n + a_{n-1}\left(\frac{1}{a}\right)^{n-1} + \cdots + a_1\left(\frac{1}{a}\right) + a_0 = 0, \quad a_i \in A$$

を満たす．両辺に a^n をかけて，$1 + a_{n-1}a + \cdots + a_1 a^{n-1} + a_0 a^n = 0$ を得るが，この式を

$$1 = a \cdot \left\{-\left(a_{n-1} + \cdots + a_1 a^{n-2} + a_0 a^{n-1}\right)\right\}$$

と書きなおせば，$-\left(a_{n-1} + \cdots + a_1 a^{n-2} + a_0 a^{n-1}\right)$ が a の逆元であることを示している．式の表示から，この逆元が A の元であることがわかる．よって，A は体である．

後半の主張を証明する．$b \in B$ を非零元とする．b は A 上整だから，

$$b^n + a_{n-1}b^{n-1} + \cdots + a_1 b + a_0 = 0, \quad a_i \in A$$

という関係式がある．ここで，B は整域だから，$a_0 \neq 0$ と仮定してもよい．この式を書きなおすと，

$$1 = b \cdot \left\{ -a_0^{-1} \left(b^{n-1} + a_{n-1} b^{n-2} + \cdots + a_1 \right) \right\}$$

となるが，これは $-a_0^{-1}\left(b^{n-1} + a_{n-1}b^{n-2} + \cdots + a_1\right)$ が b の B における逆元であることを示している． □

1.8 ヒルベルトの零点定理

体 k を部分体として含む体 k' を考える．元 $\alpha \in k'$ が k 係数の代数方程式

$$f(\alpha) = a_n\alpha^n + a_{n-1}\alpha^{n-1} + \cdots + a_1\alpha + a_0, \quad f(x) \in k[x],\ a_n \neq 0$$

を満たすとき，α は k 上**代数的**であるという．$a_n^{-1} \in k$ だから，$f(x)$ を $a_n^{-1}f(x)$ で置き換えると，α は k 上整になる．α に対して，$I = \{g(x) \in k[x] \mid g(\alpha) = 0\}$ とおくと，I は $k[x]$ のイデアルである．$k[x]$ は単項イデアル整域であるから，$I = (f(x))$ と書けているとしてよい．さらに，$a_n = 1$ としてもよいから，$a_n = 1$ のとき，$f(x)$ を α の**最小多項式**という．$f(x)$ は $g(\alpha) = 0$ を満たす多項式 $g(x)$ を割り切るため，$f(x)$ の次数は最小になるからである．また，$f(x)$ がモニックであることから，$f(x)$ はただ一通りに定まる．さらに，$f(x)$ は $k[x]$ の既約元である．よって，$k[\alpha] \cong k[x]/(f(x))$ は整域である．$n = \deg f(x)$ とすると，$k[\alpha]$ は $1, \alpha, \ldots, \alpha^{n-1}$ で生成される．したがって，$k[\alpha]$ は $\{1, \alpha, \ldots, \alpha^{n-1}\}$ を生成系にもつ有限生成 k-加群である．もし $1, \alpha, \ldots, \alpha^{n-1}$ の間に自明でない一次結合

$$c_0 \cdot 1 + c_1\alpha + \cdots + c_{n-1}\alpha^{n-1} = 0, \quad c_i \in k, \quad c_j \neq 0\ (\exists\, j)$$

が存在すれば $\deg f(x)$ よりも小さい次数をもつ多項式 $g(x)$ が存在して，$g(\alpha) = 0$ を満たすことになって，$f(x)$ の選び方に反する．したがって，$1, \alpha, \ldots, \alpha^{n-1}$ は1次独立であり，$k[\alpha]$ は k 上の n 次元ベクトル空間である．

補題1.7.2によって，$k[\alpha]$ の元はすべて k 上整である．また $k[\alpha]$ は整域である．よって，補題1.7.4により $k[\alpha]$ は体である．$k[\alpha]$ が体であることを示すために，$k[\alpha]$ の代わりに $k(\alpha)$ と書く．

一般に，k を含む体 k' の元がすべて k 上代数的であるとき，k' は k の**代数拡大体**であるという．また，k' が k 上の有限生成加群であるとき，k' は k の**有限次代数拡大体**であるという．この場合，α_1 を k' から選んで $k(\alpha_1)$ を考える．次いで，k の代わりに $k(\alpha_1)$ を考え，$\alpha_2 \in k' \setminus k(\alpha_1)$ を取って，$k(\alpha_1, \alpha_2) := k(\alpha_1)(\alpha_2)$ を考える．この操作を繰り返して，$k' = k(\alpha_1, \ldots, \alpha_r)$ と表される．k 上の有限生成ベクトル空間としての k' の次元を $[k' : k]$ と書いて，拡大体 $k' \supset k$ の**拡大次数**という．

k 以外に k の代数拡大体 k' がないとき，k は**代数的閉体**であるという．例えば，複素数体 $\mathbb{C}$ は**代数学の基本定理**によって代数的閉体である（証明は [6] を参照せよ）．実際，複素係数多項式 $g(x)$ を取ると，代数学の基本定理によって，$g(x) = 0$ は $\mathbb{C}$ の中に解をもつ．その一つを λ_1 とすると，**因数定理**によって，$g(x) = (x - \lambda_1)g_1(x)$，$g_1(x) \in \mathbb{C}[x]$ と分解する．$g_1(x)$ に対しても同様な分解を考えると，$g(x) = c(x - \lambda_1) \cdots (x - \lambda_m)$ $(c \in \mathbb{C})$ と 1 次式の積に因数分解される．したがって，$\mathbb{C}$ 上代数的な元の最小多項式は 1 次式ということになる．これはその元が k に属しているということである．同様なことは，任意の代数的閉体 k についても成立する．実際，$g(x) \in k[x]$ を非零元とする．必要ならば $g(x)$ の既約分解を考えて，$g(x)$ はモニックな既約多項式としてもよい．$\deg g(x) > 1$ ならば，$k[x]/(g(x))$ は k の有限次代数拡大体で，$k[x]/(g(x)) \supsetneqq k$ となって矛盾である．よって，$g(x)$ は 1 次式となり，k-係数の任意の多項式は 1 次式の積として表される．

【補題 1.8.1】　次のことがらが成立する．

(1) M を体 k 上の有限生成多元環 R の極大イデアルとすると，剰余体 R/M は k の有限次代数拡大体である．k が代数的閉体ならば $R/M = k$ である．

(2) k が代数的閉体ならば，n 変数多項式環 $k[x_1, \ldots, x_n]$ の極大イデアル M は

$$M = (x_1 - a_1, \ldots, x_n - a_n)$$

と表される．ただし，$a_1, \ldots, a_n \in k$.

証明　(1)　R は有限生成多元環だから，R/M は k 上の有限生成整域である．

ネーターの正規化定理によれば，R/M は k 上の多項式環 $A=k[x_1,\dots,x_r]$ を含んで，R/M は A の整拡大である．ところが，R/M は体だから，補題1.7.4によって，A は体である．すなわち，$A=k$ となる．よって，R/M は k 上有限生成加群となるから，R/M は k の有限次代数拡大体である．k が代数的閉体ならば，$R/M=k$ でなければならない．

(2) (1)によって，$k[x_1,\dots,x_n]/M=k$ である．すなわち，$\theta: k[x_1,\dots,x_n] \to k$ を剰余環準同型写像とすると，$\theta(x_i)=a_i\in k \quad (1\le i\le n)$ となる．すなわち，$x_i-a_i\in M \quad (1\le i\le n)$ となる．したがって，$(x_1-a_1,\dots,x_n-a_n)\subseteq M$ である．ここで，$(x_1-a_1,\dots,x_n-a_n)$ は極大イデアルだから，$M=(x_1-a_1,\dots,x_n-a_n)$ となる．□

一般の場合に戻って，R を環とし，I をイデアルとする．そこで，

$$\sqrt{I}=\{a\in R \mid \text{ある自然数}\, n\, \text{について}\, a^n\in I\}$$

とおけば，$\sqrt{I}$ は R のイデアルである．実際，$a^m, b^n\in I$ ならば，$(a+b)^{m+n}$ の2項展開は

$$(a+b)^{m+n}=\sum_{i=0}^{m+n}\binom{m+n}{i}a^ib^{m+n-i}$$

となるが，$0\le i\le m+n$ に対して，$i\ge m$ または $m+n-i\ge n$ が成立する．よって，$a^i=a^m\cdot a^{i-m}\in I$ となるか $b^{m+n-i}=b^n\cdot b^{m-i}\in I$ となる．したがって，$(a+b)^{m+n}\in I$．また，$a\in\sqrt{I}$ ならば，$c\in R$ に対して $ca\in\sqrt{I}$ となることは明らかである．

R の素イデアル P が I を含めば，$\sqrt{I}\subseteq P$ である．実際，$a^n\in I\subseteq P$ ならば，$a\in P$ となるからである．

【補題1.8.2】 環 R のイデアル I について，$\mathfrak{P}(I)=\{P\mid I\subseteq P,\ P\text{ は } R \text{ の素イデアル}\}$ とおくと，

$$\sqrt{I}=\bigcap_{P\in\mathfrak{P}(I)}P\ .$$

証明　$\sqrt{I}\subseteq\bigcap_{P\in\mathfrak{P}(I)}P$ となることは，補題の前に述べたことから従う．逆の包含関係を示すのには，$s\notin\sqrt{I}$ ならば，$\mathfrak{P}(I)$ の元 P で $s\notin P$ となるものが存

在することを示せばよい．$S = \{s^i \mid i = 0, 1, 2, \ldots\}$ とおけば，S は R の積閉集合である．商環 R_S において IR_S は真のイデアルである．実際，$IR_S = R_S$ ならば，$a \in I$ と整数 $i, j \geq 0$ が存在して $s^i a = s^j$ となる．この左辺は I の元で，右辺は $s \notin \sqrt{I}$ だから I の元ではない．これは矛盾である．

そこで，$\widetilde{P}$ を R_S の IR_S を含む極大イデアルとし，自然な環準同型写像 $f : R \to R_S$ による逆像 $f^{-1}(\widetilde{P})$ を P とする．補題 1.4.4 により，$I \subseteq P$ かつ $P \cap S = \emptyset$．また，P が素イデアルであることも容易にわかる．よって，$P \in \mathfrak{P}(I)$ かつ $s \notin P$. □

上の証明を改良すると，次の**ヒルベルトの零点定理**を証明することができる．

【定理 1.8.3】 R を体 k 上の有限生成多元環とし，I をそのイデアルとする．I を含む R の極大イデアルの集合を $\mathfrak{M}(I)$ とすれば，

$$\sqrt{I} = \bigcap_{M \in \mathfrak{M}(I)} M .$$

証明 $\sqrt{I} \subseteq \bigcap_{M \in \mathfrak{M}(I)} M$ となることは，$I \subseteq M$ ならば $\sqrt{I} \subseteq M$ となることから従う．逆の包含関係を示すのに背理法を用いる．$\sqrt{I} \subsetneqq \bigcap_{M \in \mathfrak{M}(I)} M$ と仮定して，$s \in (\bigcap_{M \in \mathfrak{M}(I)} M) \setminus \sqrt{I}$ を取り，$S = \{s^i \mid i = 0, 1, \ldots\}$ とおく．S は R の積閉集合である．このとき，商環 R_S は R に元 $1/s$ を付加したものと考えられる．すなわち，$R_S = R[1/s]$ だから，R_S は k 上有限生成多元環である．R_S の IR_S を含む極大イデアルを $\widetilde{M}$ とし，$M = f^{-1}(\widetilde{M})$ とすると，準同型定理によって 2 つの単射準同型写像

$$k \hookrightarrow R/M \hookrightarrow R_S/\widetilde{M}$$

が得られる．ここで，$f : R \to R_S$ は自然な環準同型写像であるが，$R_S/\widetilde{M}$ は k の有限次代数拡大体である（補題 1.8.1）．とくに，$R_S/\widetilde{M}$ は k 上整であるから，$R_S/\widetilde{M}$ は R/M 上整である．したがって，補題 1.7.4 によって，R/M も体である．すなわち，M は I を含む R の極大イデアルである．$M \cap S = \emptyset$ だから，$M \in \mathfrak{M}(I)$ かつ $s \notin M$ となる．これは $s \in \bigcap_{M \in \mathfrak{M}(I)} M$ という仮定に反する． □

第 2 章 アフィン平面代数曲線

本章ではアフィン平面 $\mathbb{A}^2$ 上にただ一つの方程式で定義される代数曲線を考える．最初は 2 次のフェルマー曲線に関するピタゴラスの定理の証明を考えて有理曲線の概念を導入する．3 次曲線の場合は一般に有理曲線ではない．これを計算で確かめる．次いで，定義式のテーラー展開を考えて特異点と非特異点の概念を導入する．合わせて，平面代数曲線という特別な場合であるが，特異点のジャコビ判定法を説明する．このような考察の中から，座標環の考え方を示す．座標環を通して，アフィン平面代数曲線上の点と座標環の極大イデアルとの対応や局所環との対応が明確になる．最後に，点が非特異になることと局所環が離散付値環 (DVR) になることが同値であることを示す．本章では，k で標数 0 の代数的閉体を表す．例えば，k は複素数体 $\mathbb{C}$ であると考えてもよい．標数 0 というのは，k は有理数体 $\mathbb{Q}$ を部分体として含むことと同値である．

2.1 有理曲線と非有理曲線

$n \geq 2$ を整数として，方程式 $x^n + y^n = z^n$ を考える．この方程式が $n \geq 3$ のときに $xyz \neq 0$ となる整数解をもたないことは**フェルマーの最終定理**と呼ばれる．フェルマーは 360 年ほど前にこの定理を証明したと言ったが，厳密な証明は 1995 年にイギリスのアンドリュー・ワイルスによって与えられた．$n = 2$ のときには上の方程式を満たす自然数の組は**ピタゴラス数**と呼ばれる，次の結果がある．

【定理 2.1.1】 方程式 $x^2+y^2=z^2$ の自然数解は，ℓ, m を整数として

$$(x,y,z)=(\ell^2-m^2, 2\ell m, \ell^2+m^2)$$

の形の解とそれを簡約したもの（すなわち，共通の約数で割ったもの）で尽くされる．

証明 a,b,c を自然数の組で $a^2+b^2=c^2$ を満たすものとする．両辺を c^2 で割ると，

$$\left(\frac{a}{c}\right)^2+\left(\frac{b}{c}\right)^2=1, \quad \frac{a}{c},\ \frac{b}{c}\in\mathbb{Q}$$

となる．すなわち，組 $\left(\frac{a}{c},\frac{b}{c}\right)$ は単位円 C

$$x^2+y^2=1 \tag{2.1}$$

の第 I 象限にある有理数解となっている．

ここで，下図のように単位円と直線 $y=t(x+1)$ との交点を考えてみよう．

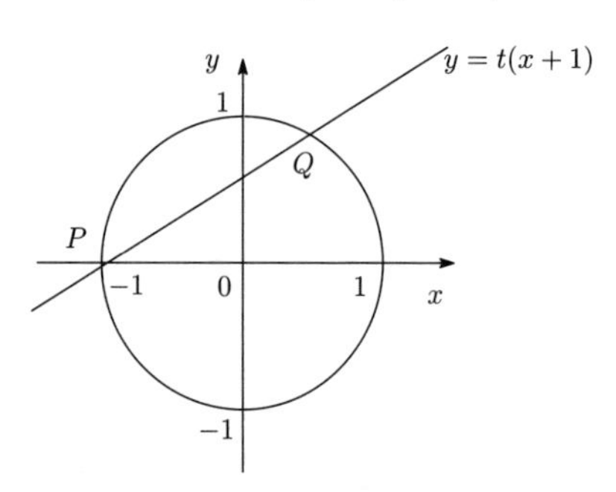

直線 $y=t(x+1)$ は点 $P(-1,0)$ を通るが，もう一つの交点 Q の座標は直線の式を (2.1) 式に代入して計算すると，

$$Q\left(\frac{1-t^2}{1+t^2},\frac{2t}{1+t^2}\right) \tag{2.2}$$

と直線の傾き t の式で表される．ここで，点 Q が第 I 象限にあることは条件 $0<t<1$ と同値である．もし t が有理数ならば，点 Q は x 座標も y 座標も有

理数となる点である．そのような点を円 C の**有理点**という．互いに素な自然数 ℓ, m を $m < \ell$ となるように取って，$t = \dfrac{m}{\ell}$ と表すと，(2.2) の式から

$$Q\left(\frac{\ell^2 - m^2}{\ell^2 + m^2}, \frac{2\ell m}{\ell^2 + m^2}\right)$$

と書ける．このとき，

$$x = \ell^2 - m^2,\ y = 2\ell m,\ z = \ell^2 + m^2$$

またはその簡約は $x^2 + y^2 = z^2$ の自然数解となっている．

逆に，(a, b, c) を $x^2 + y^2 = z^2$ の自然数解とする．このとき，$\left(\dfrac{a}{c}, \dfrac{b}{c}\right)$ は円 C の第 I 象限にある有理点である．したがって，この点と点 $(-1, 0)$ を結ぶ直線の傾き t は

$$\frac{b}{c} = t\left(\frac{a}{c} + 1\right)$$

から，$t = \dfrac{b}{a + c}$ と定まる．ここで，$\ell = a + c,\ m = b$ として自然数解

$$(\ell^2 - m^2, 2\ell m, \ell^2 + m^2)$$

を求めてみると，

$$\begin{aligned}
\ell^2 - m^2 &= (a + c)^2 - b^2 = a^2 + 2ac + c^2 - b^2 \\
&= a^2 + 2ac + a^2 + b^2 - b^2 = 2a(a + c) \\
2\ell m &= 2(a + c)b \\
\ell^2 + m^2 &= (a + c)^2 + b^2 = a^2 + 2ac + c^2 + b^2 \\
&= 2ac + 2c^2 = 2c(a + c)
\end{aligned}$$

したがって，この解を $2(a + c)$ で簡約すると元の解 (a, b, c) が得られる．　□

本章の序文で述べたように，k で標数 0 の代数的閉体を表す．単位円 C : $x^2 + y^2 = 1$ と点集合

$$\{(\alpha, \beta) \mid \alpha, \beta \in k,\ \ \alpha^2 + \beta^2 = 1\}$$

を同一視して考える．$k = \mathbb{C}$ ならば，$\mathbb{C}$ は実数体 $\mathbb{R}$ を部分体として含む．$\alpha, \beta \in \mathbb{R}$ となる点 (α, β) を考えて，C の**実点**という．上に与えた単位円のグラフは実点の集合（軌跡）であると考えられる．

【補題 2.1.2】 集合の写像 $k \setminus \{\pm\sqrt{-1}\} \to C \setminus \{(-1, 0)\}$ を対応

$$t \mapsto \left(\frac{1-t^2}{1+t^2}, \frac{2t}{1+t^2}\right)$$

で与えると，写像は全単射である．この逆写像は $(\alpha, \beta) \in C \setminus \{(-1, 0)\}$ に対して $t = \dfrac{\beta}{1+\alpha}$ が対応している．

証明 $s, t \in k \setminus \{\pm\sqrt{-1}\}$ に対して

$$\frac{1-s^2}{1+s^2} = \frac{1-t^2}{1+t^2}, \quad \frac{2s}{1+s^2} = \frac{2t}{1+t^2}$$

が成立すれば，$s = t$ が従うことを示す．最初の等式から，$s^2 - t^2 = t^2 - s^2$ となるから，$s = \pm t$．よって，$s \neq t$ と仮定すれば，$s = -t$．これを2番目の式に代入して，

$$\frac{2s}{1+s^2} = \frac{-2t}{1+t^2} = \frac{2t}{1+t^2} \ .$$

よって，$t = 0$ となるが，同時に $s = 0$ となる．すなわち，$s = t = 0$ が成立する．よって，与えられた対応は単射である．$t \neq \pm\sqrt{-1}$ ならば，$\left(\dfrac{1-t^2}{1+t^2}, \dfrac{2t}{1+t^2}\right) \in C \setminus \{(-1, 0)\}$ となっている．

$(\alpha, \beta) \in C \setminus \{(-1, 0)\}$ として，

$$\alpha = \frac{1-t^2}{1+t^2}, \quad \beta = \frac{2t}{1+t^2}$$

を満たす t を探すと，最初の等式より，$t^2 = \dfrac{1-\alpha}{1+\alpha}$ となる．2番目の等式から

$$t = \frac{1}{2}\beta(1+t^2) = \frac{1}{2}\beta\left(1 + \frac{1-\alpha}{1+\alpha}\right) = \frac{\beta}{1+\alpha} \ .$$

ここで $t \neq \pm\sqrt{-1}$ である．もし $t = \pm\sqrt{-1}$ ならば，$\beta = \pm(1+\alpha)\sqrt{-1}$．これを $\alpha^2 + \beta^2 = 1$ に代入すると，$\alpha = -1$ が従う．したがって，$(\alpha, \beta) = (-1, 0)$

となるので，(α,β) の取り方に反する．よって，与えられた集合の写像は全単射である． □

集合

$$\mathbb{A}^2 = \{(\alpha,\beta) \mid \alpha,\beta \in k\}$$

を**アフィン平面**といい，X, Y をその**座標**という．集合として，$\mathbb{A}^2$ は積集合 $k \times k = k^2$ に等しい．2 変数多項式環 $k[X,Y]$ の 2 つの元 F, G $(G \neq 0)$ を取って，有理式 $\dfrac{F(X,Y)}{G(X,Y)}$ を考える．$(\alpha,\beta) \in \mathbb{A}^2$ を $\dfrac{F(X,Y)}{G(X,Y)}$ の (X,Y) に代入すると，$G(\alpha,\beta) = 0$ となる場合を除いて，その値が定まる．したがって，$\dfrac{F(X,Y)}{G(X,Y)}$ を $\mathbb{A}^2$ 上の**有理関数**と見なすことができる．この有理関数を単位円 C に制限して考えると，$G(X,Y)|_C$ が恒等的に 0 になる場合を除いて，C 上の有理関数

$$\xi = \left.\frac{F(X,Y)}{G(X,Y)}\right|_C$$

が考えられる．$G(X,Y)|_C$ が C 上の関数として零点をもつ場合には，その点で ξ は定義されていない．この ξ を C 上の有理関数という．ξ には別の表し方

$$\xi = \left.\frac{F_1(X,Y)}{G_1(X,Y)}\right|_C$$

も考えられる．このとき，次の結果が成立する．

【補題 2.1.3】 C 上の有理関数 ξ について

$$\xi = \left.\frac{F(X,Y)}{G(X,Y)}\right|_C = \left.\frac{F_1(X,Y)}{G_1(X,Y)}\right|_C$$

となる必要十分条件は，$FG_1 - F_1G$ が $k[X,Y]$ の元として X^2+Y^2-1 で割り切れることである．

証明 $P = (\alpha,\beta) \in C$ に対して $F(\alpha,\beta)$ を $F(P)$ と表す．

$$FG_1 - F_1G = (X^2+Y^2-1)H, \quad \exists\, H \in k[X,Y]$$

となるならば，$G(P)G_1(P) \neq 0$ となる $P = (\alpha,\beta) \in C$ に対して，$\dfrac{F(P)}{G(P)} = \dfrac{F_1(P)}{G_1(P)}$ となることは明らかである．逆に，$\left.\dfrac{F}{G}\right|_C = \left.\dfrac{F_1}{G_1}\right|_C$ と仮定すると，

$$(FG_1 - F_1G)(P) = 0, \quad \forall' \ P \in C \ .$$

ここで，$\forall' \ P \in C$ は有限個の C の点を除いてという意味である．具体的には，$G(P)G_1(P) \neq 0$ となる点を考えている．このとき，$FG_1 - F_1G$ が $X^2 + Y^2 - 1$ で割り切れることを示せばよい．これは次の補題から従う．　□

【補題 2.1.4】 $F(X,Y) \in k[X,Y]$ について，

$$F(P) = 0, \quad \forall' \ P \in C$$

となれば，$F(X,Y) = (X^2 + Y^2 - 1)H(X,Y)$ となる $k[X,Y]$ の元 $H(X,Y)$ が存在する．

証明　$Y^2 = (X^2 + Y^2 - 1) - (X^2 - 1)$ だから，$F(X,Y)$ を Y の多項式として

$$F(X,Y) = a_0(X) + a_1(X)Y + \cdots + a_m(X)Y^m$$

と表して，できる限り Y^2 を上の関係式で置き換えると，

$$F(X,Y) = a(X) + b(X)Y + (X^2 + Y^2 - 1)H(X,Y),$$
$$a(X),\ b(X) \in k[X], \quad H(X,Y) \in k[X,Y]$$

と表される．$b(X) \neq 0$ と仮定すると，条件より，$\forall' \ (\alpha, \beta) \in C$ に対して，$\beta = -\dfrac{a(\alpha)}{b(\alpha)}$ となる．ここで，C 上の点として，

$$\left(\frac{1-t^2}{1+t^2}, \frac{2t}{1+t^2} \right)$$

と表されるものを取ると，

$$\frac{2t}{1+t^2} = -\frac{a\left(\frac{1-t^2}{1+t^2}\right)}{b\left(\frac{1-t^2}{1+t^2}\right)} \ .$$

よって，

$$2t = -(1+t^2)\frac{a\left(\frac{1-t^2}{1+t^2}\right)}{b\left(\frac{1-t^2}{1+t^2}\right)} \ .$$

すなわち，t が t^2 の有理式として表される．これは矛盾である．よって，$b(X)=0$ である．再び，条件より，C のほとんどの点に対して $a(P)=0$ だから，$a\left(\dfrac{1-t^2}{1+t^2}\right)=0$ である．よって，$a(X)=0$ となる．　□

C 上の有理関数全体は分数式の加減乗除によって体をなす．この体を C の k 上の**関数体**といって，$k(C)$ と書く．剰余環 $R=k[X,Y]/(X^2+Y^2-1)$ を考えて，X と Y の剰余類をそれぞれ x と y で表す．したがって，$R=k[x,y]$ で $x^2+y^2-1=0$ となる．**アイゼンシュタインの既約性判定定理**（[3] の 231 頁）によって，X^2+Y^2-1 は $k[X,Y]$ の既約元である．系 1.5.11 により $k[X,Y]$ は素元分解整域だから，X^2+Y^2-1 は素元である．したがって，R は整域である．また，$k[X,Y]$ の元 $F(X,Y)$ に C 上の有理関数 $F(X,Y)|_C$ を対応させる環準同型写像 $\theta: k[X,Y]\to k(C)$ を考えると，補題 2.1.4 によって，$\operatorname{Ker}\theta=(X^2+Y^2-1)$ となる．よって，R は自然に $k(C)$ の部分環と考えられる．実際，$k(C)$ は R の商体である．ここで，$k(C)=k(x,y)$ となるが，

$$x=\frac{1-t^2}{1+t^2},\quad y=\frac{2t}{1+t^2},\quad t=\frac{y}{1+x}$$

という関係があるから，$k(C)=k(t)$ となる．すなわち，$k(C)$ は k 上の有理関数体（純超越拡大体）である．関数体が有理関数体になるような曲線を**有理曲線**という．有理曲線でない曲線を**非有理曲線**という．

【系 2.1.5】　単位円 C は有理曲線である．

次の注意をしておこう．

✔**注意 2.1.6**　$F(X,Y)\in k[X,Y]$ について，次の 2 条件は同値である．

(1) $F(P)=0,\ \ \forall\ P\in C.$

(2) $F(P)=0,\ \ \forall'\ P\in C.$

証明　(1) $\Longrightarrow$ (2) は明らかである．

(2) $\Longrightarrow$ (1)．補題 2.1.4 によって，$F(X,Y)=(X^2+Y^2-1)H(X,Y)$ と書ける．すなわち，$F(P)=0,\ \ \forall P\in C$ となることがわかる．　□

非有理曲線の例を挙げておく.

【補題 2.1.7】 曲線 $C: y^2 = x^3 + 1$ は非有理曲線である. すなわち, 関数体 $k(C)$ は純超越拡大体 $k(t)$ にならない.

証明 剰余環 $R = k[X,Y]/(Y^2 - X^3 - 1)$ における X, Y の剰余類を x, y とすると, $R = k[x,y]$ で $k(C) = k(x,y)$ となる. ただし, $y^2 = x^3 + 1$ である. もし $k(C) = k(t)$ となれば,

$$x = \frac{g(t)}{f(t)}, \quad y = \frac{h(t)}{f(t)}, \quad f(t), g(t), h(t) \in k[t], \quad \gcd(f,g,h) = 1$$

と表される. このとき, $f(t), g(t), h(t)$ は k の元（すなわち**定数**）であることを示す.

(1) $f(t), g(t), h(t)$ のいずれかが定数でないと仮定して矛盾を導く. まず $g(t) \neq 0$ である. 実際, $g(t) = 0$ ならば, $x = 0$ かつ $y = \pm 1$ となる. したがって, $h = \pm f$. $\gcd(f,g,h) = 1$ だから, $h = \pm f \in k$ となって矛盾である. $\left(\frac{h}{f}\right)^2 = \left(\frac{g}{f}\right)^3 + 1$ より, $h^2 f = g^3 + f^3$. よって, $(h^2 - f^2)f = g^3$. ここで, $h^2 - f^2$ と f が既約共通因子 ℓ をもてば, ℓ は f と h を割っている. しかも, $\ell \mid g^3$ だから $\ell \mid g$. よって, ℓ は f, g, h の共通因子である. 仮定より, $\gcd(f,g,h) = 1$ だから, $\ell \in k$ となる. したがって, $(h^2 - f^2)f = g^3$ の両辺の既約分解を考えて,

$$g = g_1 g_2, \quad \gcd(g_1, g_2) = 1, \quad f = g_1^3, \quad h^2 - f^2 = g_2^3$$

と分解されることがわかる. ここで, $g_2 \notin k$ である. 実際, もし $g_2 = c \in k^* := k \setminus \{0\}$ ならば, h, f を $\frac{h}{\sqrt{c^3}}, \frac{f}{\sqrt{c^3}}$ で置き換えて, $h^2 - f^2 = 1$ としてもよい. このとき,

$$h - f = c_1, \quad h + f = c_2, \quad c_1, \ c_2 \in k^* .$$

よって, $h = \frac{c_1 + c_2}{2} \in k$, $f = \frac{c_2 - c_1}{2} \in k$ となって, $g \in k$ となる. これは仮定に反する.

$f = g_1^3$ を $h^2 - f^2 = g_2^3$ に代入して, $h^2 - g_1^6 = g_2^3$. したがって, $g_2 = g_{21} g_{22}$, $\gcd(g_{21}, g_{22}) = 1$ と分解して,

$$h - g_1^3 = g_{21}^3, \quad h + g_1^3 = g_{22}^3, \quad g_{21},\ g_{22} \notin k \tag{2.3}$$

となることがわかる．実際，$g_{21} = c \in k$ とすると，$c \neq 0$ で，$2g_1^3 + c^3 = g_{22}^3$．ここで，

$$\left(g_{22} - \sqrt[3]{2}g_1\right)\left(g_{22} - \omega\sqrt[3]{2}g_1\right)\left(g_{22} - \omega^2\sqrt[3]{2}g_1\right) = c^3$$

と分解して，左辺の3つの因子はすべて定数となる．これから g_{22} と g_1 が定数となることがわかる．ただし，ω は1の原始3乗根である．したがって，$g_2 \in k$ となって矛盾が生じる．(2.3) の分解を使って h を消去すると，$2g_1^3 = g_{22}^3 - g_{21}^3$ となる．したがって，

$$(\sqrt[3]{2}g_1)^3 + g_{21}^3 = g_{22}^3$$

となって，$\sqrt[3]{2}g_1, g_{21}, g_{22}$ はどの2つも互いに素である．よって，方程式 $x^3 + y^3 = z^3$ がこのような多項式解をもたないことを示せばよい．

(2)　記号を変えて，$f^3 + g^3 = h^3$ となる，どの2つも互いに素である $f, g, h \in k[t] \setminus k$ が存在したと仮定する．このとき，

$$(f+g)(f+\omega g)(f+\omega^2 g) = h^3, \quad \omega^3 = 1\ .$$

すると，$h = h_1h_2h_3$ と分解して，h_1, h_2, h_3 のどの2つも互いに素で，

$$f + g = h_1^3, \quad f + \omega g = h_2^3, \quad f + \omega^2 g = h_3^3$$

と表される．後の2つの式から

$$(\omega^2 - \omega)g = h_3^3 - h_2^3, \quad g = \frac{1}{\omega^2 - \omega}(h_3^3 - h_2^3)$$

$$(\omega - 1)f = \omega h_2^3 - h_3^3, \quad f = \frac{1}{\omega - 1}(\omega h_2^3 - h_3^3)$$

となることがわかる．この2式を最初の式 $f + g = h_1^3$ に代入して

$$\frac{1}{\omega - 1}\left\{(\omega h_2^3 - h_3^3) + \omega^2(h_3^3 - h_2^3)\right\} = h_1^3$$

が得られる．すなわち，

$$(\omega - 1)h_1^3 = (\omega - \omega^2)h_2^3 + (\omega^2 - 1)h_3^3\ .$$

ここで，$\sqrt[3]{\omega-1}h_1, \sqrt[3]{\omega-\omega^2}h_2, \sqrt[3]{\omega^2-1}h_3$ のどの一つも定数ではない．これは元の式 $f^3+g^3=h^3$ と同じ形をしているが，

$$\deg h > \deg h_1$$

を満たしている．以上の議論は無限回繰り返すことができるが，$h=h_1h_2h_3$, $h_1=h_{11}h_{12}h_{13}$ という分解は有限回しか可能でない．これは矛盾である．

$f(t), g(t), h(t)$ のどれかが定数であれば，残りも定数になることは，これまでの議論と同様にしてできる．□

補題 2.1.7 とその証明によって，曲線 $y^2=x^3+1$ または $x^3+y^3=1$ は単位円 $x^2+y^2=1$ と異なる性質をもつ曲線であることがわかる．これらは**楕円曲線**と呼ばれる曲線である．

2.2 テーラー展開と曲線の非特異性

$f(X,Y)$ を多項式環 $k[X,Y]$ の既約元とする．剰余環 $R=k[X,Y]/(f(X,Y))$ は整域である．$x=X+(f(X,Y))$, $y=Y+(f(X,Y))$ とおくと，$R=k[x,y]$ で，x と y の間には関係式 $f(x,y)=0$ がある．アフィン平面 $\mathbb{A}^2$ の部分集合

$$C=\{(\alpha,\beta)\in\mathbb{A}^2 \mid f(\alpha,\beta)=0\}$$

を考えて，$f(x,y)=0$ を**定義方程式**にもつ**代数曲線**という．$f(X,Y)$ が $k[X,Y]$ の既約元であることを強調して，C は**既約**代数曲線であるともいう．C はアフィン平面 $\mathbb{A}^2$ の部分集合であるから，より詳しく，**アフィン代数曲線**ともいう．定義方程式 $f(x,y)=0$ を記すために，$C=V(f)$ という書き方もする．また，$P(\alpha,\beta)\in C$ と書いて，(α,β) を座標にもつ点 $P(\alpha,\beta)$ が C の点であることを表す．さらに，$\deg f$ で $f(X,Y)$ の X,Y に関する**総次数**を表す．$f(x,y)=x^2+y^2-1=0$ の場合は C は 2 次曲線であり，$f(x,y)=y^2-x^3-1=0$ の場合は C は 3 次曲線である．

【補題 2.2.1】 $n=\deg f$, $P(\alpha,\beta)\in C=V(f)$ とすると，$f(x,y)$ は $x-\alpha, y-$

β に関して次のように展開される.

$$f(x,y) = \frac{\partial f}{\partial x}(P)(x-\alpha) + \frac{\partial f}{\partial y}(P)(y-\beta) + \frac{1}{2!}\frac{\partial^2 f}{\partial x^2}(P)(x-\alpha)^2$$
$$+\frac{\partial^2 f}{\partial x \partial y}(P)(x-\alpha)(y-\beta) + \frac{1}{2!}\frac{\partial^2 f}{\partial^2 y}(P)(y-\beta)^2 + \cdots$$
$$= \sum_{\ell=0}^{n}\sum_{i+j=\ell}\frac{1}{i!j!}\frac{\partial^\ell f}{\partial^i x \partial^j y}(P)(x-\alpha)^i(y-\beta)^j.$$

ここで, $\dfrac{\partial^\ell f}{\partial^i x \partial^j y}(P) = \dfrac{\partial^\ell f(X,Y)}{\partial^i X \partial^j Y}(\alpha,\beta)$ である.

証明　変数変換 $X = X' + \alpha,\ Y = Y' + \beta$ によって,

$$f(X,Y) = \sum_{\ell=0}^{n}\sum_{i+j=\ell} a_{ij}X'^i Y'^j, \quad a_{ij} \in k$$

と表される. 簡単な微分計算で, $i + j = \ell$ となるとき,

$$i!j!a_{ij} = \left.\frac{\partial^\ell f(X,Y)}{\partial^i X \partial^j Y}\right|_{X'=0,Y'=0}$$

となることがわかる. したがって, $X' = X - \alpha,\ Y' = Y - \beta$ を代入して,

$$f(X,Y) = \sum_{\ell=0}^{n}\sum_{i+j=\ell}\frac{1}{i!j!}\frac{\partial^\ell f(X,Y)}{\partial^i X \partial^j Y}(\alpha,\beta)(X-\alpha)^i(Y-\beta)^j$$

がわかる. そこで, 両辺のイデアル $(f(X,Y))$ による剰余類を取って, 補題の中の表示を得る. □

この展開を $f(x,y)$ の点 P における**テーラー展開**という. $\dfrac{\partial f}{\partial x}(P) \neq 0$ または $\dfrac{\partial f}{\partial y}(P) \neq 0$ であるとき, 点 P は C の**非特異点**（または**正則点**）といい, $\dfrac{\partial f}{\partial x}(P) = \dfrac{\partial f}{\partial y}(P) = 0$ であるとき, 点 P は**特異点**であるという. 非特異点 $P(\alpha,\beta)$ における**接線**は

$$y - \beta = \frac{dy}{dx}(P)(x-\alpha)$$

で与えられる. ここで, $f(x,y) = 0$ だから,

$$df = \frac{\partial f}{\partial x}(P)dx + \frac{\partial f}{\partial y}(P)dy = 0\ .$$

よって,

$$\frac{dy}{dx}(P) = -\left.\frac{\partial f}{\partial x}(P)\middle/\frac{\partial f}{\partial y}(P)\right. .$$

これを接線の式に代入すると，接線の方程式は

$$\frac{\partial f}{\partial x}(P)(x-\alpha) + \frac{\partial f}{\partial y}(P)(y-\beta) = 0 \tag{2.4}$$

で与えられることがわかる．すなわち，補題 2.2.1 における $f(x,y) = 0$ の $x-\alpha, y-\beta$ に関するテーラー展開で，1 次の部分を 0 とおいて接線の方程式が得られる．したがって，曲線 $f(x,y) = 0$ の展開式と接線の式を連立して考えると，$x-\alpha$ と $y-\beta$ に関する 2 次以上の方程式が得られる．これは接線が元の曲線 C と点 P で 2 次以上で交わっていることを意味する．

代数曲線 C の非特異点 $P(\alpha,\beta)$ における接線が曲線 C と 3 次以上で交わるとき，点 P は C の**変曲点**であるという．

【補題 2.2.2】 代数曲線 $C: f(x,y) = 0$ の非特異点 $P(\alpha,\beta)$ が変曲点であるための必要十分条件は

$$\frac{\partial^2 f}{\partial x^2}(P)\left(\frac{\partial f}{\partial y}(P)\right)^2 - 2\frac{\partial^2 f}{\partial x \partial y}(P)\frac{\partial f}{\partial x}(P)\frac{\partial f}{\partial y}(P) + \frac{\partial^2 f}{\partial y^2}(P)\left(\frac{\partial f}{\partial x}(P)\right)^2 = 0 \tag{2.5}$$

となることである．

証明 定義により，P が C の変曲点であるための必要十分条件は，連立方程式

$$\begin{cases} \dfrac{\partial f}{\partial x}(P)(x-\alpha) + \dfrac{\partial f}{\partial y}(P)(y-\beta) = 0 \\ \dfrac{\partial^2 f}{\partial x^2}(P)(x-\alpha)^2 + 2\dfrac{\partial^2 f}{\partial x \partial y}(P)(x-\alpha)(y-\beta) + \dfrac{\partial^2 f}{\partial y^2}(P)(y-\beta)^2 = 0 \end{cases}$$

が変数 $x-\alpha$ と $y-\beta$ に対して成立することである．$\dfrac{\partial f}{\partial y}(P) \neq 0$ の場合には,

$$y-\beta = -\left(\left.\frac{\partial f}{\partial x}(P)\middle/\frac{\partial f}{\partial y}(P)\right.\right)(x-\alpha)$$

と最初の式を変形して 2 番目の式に代入すると,

$$\frac{A}{B} \times (x-\alpha)^2 = 0$$

となる．ただし，

$$A = \frac{\partial^2 f}{\partial x^2}(P)\left(\frac{\partial f}{\partial y}(P)\right)^2 - 2\frac{\partial^2 f}{\partial x \partial y}(P)\frac{\partial f}{\partial x}(P)\frac{\partial f}{\partial y}(P) + \frac{\partial^2 f}{\partial y^2}(P)\left(\frac{\partial f}{\partial x}(P)\right)^2$$

$$B = \left(\frac{\partial f}{\partial y}(P)\right)^2$$

である．$x - \alpha$ は変数だから，その係数は0となる．よって，(2.5) の等式が得られる．$\dfrac{\partial f}{\partial x}(P) \neq 0$ の場合も同様である．□

偏導関数の書き方を簡略して，

$$f_x = \frac{\partial f}{\partial x},\ f_y = \frac{\partial f}{\partial y},\ f_{xx} = \frac{\partial^2 f}{\partial x^2},\ f_{xy} = \frac{\partial^2 f}{\partial x \partial y},\ f_{yy} = \frac{\partial^2 f}{\partial^2 y}$$

と書く．

▣ 例 2.2.3　(1)　$f = y - x^3$ のとき，$f_x = -3x^2$，$f_y = 1$，$f_{xx} = -6x$，$f_{xy} = f_{yy} = 0$ となる．よって，C の各点は非特異点であり，(2.5) は次式に等しい．

$$-6x \cdot 1^2 - 2 \cdot 0 \cdot (-3x^2) \cdot 1 - 0 \cdot (-3x^2)^2 = -6x = 0\ .$$

よって，C の変曲点は $(0, 0)$ である．

(2)　$f = y^2 - x^3 - 1$ のとき，

$$f_x = -3x^2,\quad f_y = 2y,\quad f_{xx} = -6x,\quad f_{xy} = 0,\quad f_{yy} = 2\ .$$

よって，C の特異点は $f_x = f_y = 0$ を満たす点だから $x = y = 0$ であるが，$f(0, 0) = -1 \neq 0$ となって，C は特異点をもたない．(2.5) の式は

$$(-6x) \cdot (2y)^2 + 2 \cdot (-3x^2)^2 = 6x(3x^3 - 4y^2) = 0$$

となる．C の変曲点を求めよう．$x = 0$ の場合，$y = \pm 1$ だから，点 $(0, 1), (0, -1)$ は C の変曲点である．$3x^3 - 4y^2 = 0$ の場合には，$y^2 = \dfrac{3}{4}x^3$ を f の式に代入して，

$$\frac{3}{4}x^3 - x^3 - 1 = -\frac{1}{4}(x^3 + 4) = 0\ .$$

よって，$x = -\sqrt[3]{4},\ -\sqrt[3]{4}\omega,\ -\sqrt[3]{4}\omega^2$．ここで，$\omega = \dfrac{-1 + \sqrt{-3}}{2}$ は1の3乗根である．これら x の値1つずつに対して，y は $y = \pm\sqrt{x^3 + 1}$ で定まる値2

つずつをもつ．よって，C には合わせて8つの変曲点が存在する．実際には，C の無限遠点 ∞ も変曲点になっていて，$\overline{C} := C \cup (\infty)$ には9つの変曲点が存在する．（後述の注意4.4.4を参照せよ．）

定義 2.2.4　補題2.2.1のように，$f(x,y)$ を C 上の点 $P(\alpha,\beta)$ において，$x-\alpha, y-\beta$ に関してテーラー展開したとき，

$$f(x,y) = \sum_{i+j\geq r} a_{ij}(x-\alpha)^i(y-\beta)^j$$

と表されて，ある i について $a_{i,r-i} \neq 0$ となるとき，点 P は C の重複度 r の点であるという．$r=1$ ならば P は非特異点であり，$r \geq 2$ ならば，特異点である．

点 $P(\alpha,\beta)$ が C の重複度 r の点であるとき，座標変換 $X' = X-\alpha, Y' = Y-\beta$ を行って点 P を原点 $(0,0)$ にすると，

$$f(x,y) = \sum_{i+j\geq r} a_{ij}{x'}^i{y'}^j \tag{2.6}$$

となる．さらに，一次変換 $X'=X, Y'=Y-cX$（したがって，$x'=x, y'=y-cx$）を施すと，

$$f(x,y) = \sum_{i+j\geq r} a_{ij}{x'}^i(y'+cx')^j$$

となり，${x'}^r$ の係数は $\sum_{i+j=r} a_{ij}c^j$ である．c を適当に選ぶと，$\sum_{i+j=r} a_{ij}c^j \neq 0$ とできる．この操作によって，必要ならば，$f(x,y)$ の表示 (2.6) で $a_{r,0} \neq 0$ と仮定することができる．

2.3　代数曲線の局所環

前節の記号を踏襲する．既約代数曲線 $C : f(x,y) = 0$ の座標環を $R = k[x,y]$ とし，その関数体を $k(C) = Q(R)$ とする．ここで，$R = k[X,Y]/(f(X,Y))$ である．$\theta : k[X,Y] \to R$ を剰余環への自然な準同型写像とする．$P(\alpha,\beta)$

を C の点，a を R の元とすると，$k[X,Y]$ の元 $A(X,Y)$ が存在して，$a = \theta(A(X,Y)) = A(X,Y) + (f(X,Y))$ と表せる．ここで，イデアル $(f(X,Y))$ の任意の元 $f(X,Y)g(X,Y)$ に点 P の座標を代入すると，$f(P) = 0$ だから $f(\alpha,\beta)g(\alpha,\beta) = 0$ となる．したがって，剰余類 $A(X,Y) + (f(X,Y))$ の任意の元 $A(X,Y) + f(X,Y)g(X,Y)$ に対し，値 $A(\alpha,\beta) + f(\alpha,\beta)g(\alpha,\beta)$ は元の取り方によらずに一通りに定まる．この値を $a(P)$ と表す．すなわち，a は k に値を取る C 上の関数と見なすことができる．このとき，a は C 上の**正則関数**であるという．そこで，

$$M_P = \{a \in R \mid a(P) = 0\}$$

とおくと，M_P は環準同型写像 $\sigma_P : R \to k,\ \ a \mapsto a(P)$ のカーネルである．実際，$M_P = (x-\alpha, y-\beta)$ である．よって，$R/M_P = k$ となるから，M_P は R の極大イデアルである．M_P は点 P で値 0 を取る C 上の正則関数全体ということができる．$\widetilde{M}_P = \theta^{-1}(M_P)$ とおけば，

$$\widetilde{M}_P = \{A(X,Y) \in k[X,Y] \mid A(P) = 0\}$$

となっている．$k[X,Y]$ を $\mathbb{A}^2$ 上の正則関数全体が作る環と見なすとき，$\widetilde{M}_P$ は P で値 0 を取る正則関数全体からなる．明らかに，$\theta(\widetilde{M}_P) = M_P$ となっている．

逆に，M を R の極大イデアルとすると，補題 1.8.1 によって $R/M = k$ となる．$\widetilde{M} = \theta^{-1}(M)$ は $k[X,Y]$ の極大イデアルで，同じ補題によって $\widetilde{M} = (X-\alpha, Y-\beta)$ と表されることがわかる．ただし，$\alpha, \beta \in k$ である．したがって，$M = (x-\alpha, y-\beta)$ となる．P を (α,β) を座標とする C の点とすると，$M = M_P$ となっている．

以上によって，C の点と R の極大イデアルが $P \mapsto M_P$ によって 1 対 1 に対応している．

環 R の積閉集合 $R \setminus M_P$ による商環 R_{M_P} の元は $\xi = \dfrac{a}{s}\ \ (a \in R, s \notin M_P)$ と表せる．すると，$\dfrac{a(P)}{s(P)}$ は $s(P) \neq 0$ だから k の元になっている．このような元 ξ は商体の元であるが，点 P で**正則**な C 上の有理関数と考えられる．R_{M_P} は $k(C)$ の元として P で正則な有理関数全体からなっている．R_{M_P} を $\mathcal{O}_P$ と

書いて，点 P における C の**局所環**という．$\mathcal{O}_P$ の極大イデアルは $M_P R_{M_P}$ であるが，これを $\mathfrak{m}_P$ と表す．詳しく書けば，対 $(\mathcal{O}_P, \mathfrak{m}_P)$ が点 P における C の局所環であり，$\mathfrak{m}_P = (x-\alpha)\mathcal{O}_P + (y-\beta)\mathcal{O}_P$ となっている．

【補題 2.3.1】　P を C の非特異点とすると，次のことがらが成立する．

(1) $J := \bigcap_{n>0} \mathfrak{m}_P^n = (0)$.
(2) $\mathfrak{m}_P$ は単項イデアルである．すなわち，$\mathfrak{m}_P = t\mathcal{O}_P$ と表される．
(3) $\mathcal{O}_P$ の任意のイデアル I に対して，自然数 n が存在して $I = t^n \mathcal{O}_P$ と表される．

証明　まず，(2) を証明する．$P(\alpha, \beta)$ とするとき，座標変換 $(x, y) \mapsto (x+\alpha, y+\beta)$ によって，$P(0,0)$ と仮定してもよい．P は C の非特異点だから，

$$f(x,y) = f_x(P)x + f_y(P)y + \frac{1}{2!}f_{xx}(P)x^2 + f_{xy}(P)xy + \frac{1}{2!}f_{yy}(P)y^2 + \cdots = 0$$

と表すとき，$f_x(P) \neq 0$ または $f_y(P) \neq 0$ が成立している．$f_y(P) \neq 0$ と仮定してもよい．このとき，

$$\begin{aligned}&\left(f_y(P) + f_{xy}(P)x + \frac{1}{2!}f_{yy}(P)y + \cdots\right)y \\ &= -\left(f_x(P) + \frac{1}{2!}f_{xx}(P)x + \frac{1}{3!}f_{xxx}(P)x^2 + \cdots\right)x\ .\end{aligned}$$

$\mathfrak{m}_P = x\mathcal{O}_P + y\mathcal{O}_P$ だから，

$$f_y(P) + f_{xy}(P)x + \frac{1}{2!}f_{yy}(P)y + \cdots \in \mathcal{O}_P \setminus \mathfrak{m}_P\ .$$

すなわち，この元は $\mathcal{O}_P$ の単元である．よって，$y \in x\mathcal{O}_P$ となることがわかる．$x, y \in \mathfrak{m}_P$ で $f_y(P) \neq 0$ だから，$\mathfrak{m}_P = x\mathcal{O}_P$ となる．したがって，$t = x$ とすればよい．

(1) $J = \bigcap_{n>0} \mathfrak{m}_P^n$ が $\mathcal{O}_P$ のイデアルであることは明らかである．また，補題 1.6.2 によって，$\mathcal{O}_P$ はネーター環である．よって，J は有限生成イデアルだから，

$$J = a_1\mathcal{O}_P + \cdots + a_n\mathcal{O}_P = (a_1, \ldots, a_n)$$

と表される．ここで，$J = \mathfrak{m}_P J$ となることを示そう．実際，$\mathfrak{m}_P J \subseteq J$ は明らかである．$a \in J$ とすると，$a \in \mathfrak{m}_P^n = t^n\mathcal{O}_P \ \ (\forall\, n > 0)$ である．$a = ta_1$ と書くと，$a_1 \in t^{n-1}\mathcal{O}_P = \mathfrak{m}_P^{n-1} \ \ (\forall\, n > 1)$．よって，$a_1 \in \bigcap_{n>1} \mathfrak{m}_P^{n-1} = J$．したがって，$a \in tJ = \mathfrak{m}_P J$ となるから，$J \subseteq \mathfrak{m}_P J$．ここで，$\mathfrak{m}_P J = \mathfrak{m}_P(a_1\mathcal{O}_P + \cdots + a_n\mathcal{O}_P) = a_1\mathfrak{m}_P\mathcal{O}_P + \cdots + a_n\mathfrak{m}_P\mathcal{O}_P = a_1\mathfrak{m}_P + \cdots + a_n\mathfrak{m}_P$ である．$a_i \in J = \mathfrak{m}_P J \ \ (1 \leq i \leq n)$ だから，

$$a_i = c_{i1}a_1 + c_{i2}a_2 + \cdots + c_{in}a_n, \quad c_{i1}, \ldots, c_{in} \in \mathfrak{m}_P\ .$$

すなわち，

$$\begin{pmatrix} 1-c_{11} & -c_{12} & \cdots & -c_{1n} \\ -c_{21} & 1-c_{22} & \cdots & -c_{2n} \\ \vdots & \ddots & \ddots & \vdots \\ -c_{n1} & -c_{n2} & \cdots & 1-c_{nn} \end{pmatrix} \begin{pmatrix} a_1 \\ a_2 \\ \vdots \\ a_n \end{pmatrix} = \begin{pmatrix} 0 \\ 0 \\ \vdots \\ 0 \end{pmatrix}.$$

ここで，

$$d = \det \begin{pmatrix} 1-c_{11} & -c_{12} & \cdots & -c_{1n} \\ -c_{21} & 1-c_{22} & \cdots & -c_{2n} \\ \vdots & \ddots & \ddots & \vdots \\ -c_{n1} & -c_{n2} & \cdots & 1-c_{nn} \end{pmatrix}$$

とおくと，$d = 1 - c \ \ (c \in \mathfrak{m}_P)$ となる．よって，$d \notin \mathfrak{m}_P$ だから，d は $\mathcal{O}_P$ の単元である．一方で，随伴行列に関する一般論（補題 1.7.2 の (1) の証明を参照せよ）から，$da_1 = \cdots = da_n = 0$ となる．よって，$a_1 = \cdots = a_n = 0$．すなわち, $J = (0)$ となる．

(3) I を $\mathcal{O}_P$ の任意のイデアルとして，$I = (b_1, \ldots, b_r)$ と表す．ここで，$1 \leq j \leq r$ に対して $b_j \neq 0$ とすると，$b_j = t^{n_j}u_j$ となる自然数 n_j と $\mathcal{O}_P$ の単元 u_j が存在する．実際，b_j が t で無限回割れれば，(2) によって $b_j \in \bigcap_{n>0} \mathfrak{m}_P^n = J = (0)$ となる．$b_j \neq 0$ と仮定しているので，上のような n_j と u_j が存在する．u_j は t で割れないから，$u_j \notin \mathfrak{m}_P$．よって，$u_j$ は単元であ

る．$n = \min\{n_j \mid 1 \leq j \leq r\}$ とおいて，$n = n_i$ とすると，$b_i \mid b_j \ (1 \leq j \leq r)$．したがって，$I = b_i \mathcal{O}_P = t^n \mathcal{O}_P$ となる． □

C の関数体 $k(C)$ は $\mathcal{O}_P$ の商体 $Q(\mathcal{O}_P)$ に等しい．したがって，$k(C)$ の非零元 ξ は $f, g \in \mathcal{O}_P$ を使って $\xi = \dfrac{g}{f}$ と表せる．そこで，$f = t^n u,\ g = t^m v$ と表す．ただし，$n, m \geq 0$ で，u, v は $\mathcal{O}_P$ の単元である．すると，$\xi = t^{m-n} u^{-1} v$ と書けて，$u^{-1} v$ は $\mathcal{O}_P$ の単元である．そこで，関数

$$v : k(C) \longrightarrow \mathbb{Z} \cup (\infty)$$

を $v(\xi) = m - n,\ v(0) = \infty$ と定義すると，次の結果が成立する．ただし，$\mathcal{O}_P^*$ で $\mathcal{O}_P$ の単元全体の集合を表す．$\mathcal{O}_P^*$ は $\mathcal{O}_P$ の乗法によって群をなしている．

【補題 2.3.2】 (1) $v(\xi)$ は $\xi = \dfrac{g}{f}$ という表し方によらずに定まる．

(2) $\xi, \eta \in k(C)$ に対して，$v(\xi\eta) = v(\xi) + v(\eta)$ かつ $v(\xi + \eta) \geq \min\{v(\xi), v(\eta)\}$ となる．ただし，$v(\xi) \neq v(\eta)$ ならば，不等号は等号になる．

(3) $\xi \in \mathcal{O}_P \iff v(\xi) \geq 0$ かつ $\xi \in \mathfrak{m}_P \iff v(\xi) > 0$ となる．

証明 (1) $\xi = \dfrac{g}{f}$ という上の表し方の他に，別の表し方

$$\xi = \frac{g'}{f'}, \quad f',\ g' \in \mathcal{O}_P, \quad f' = t^{n'} u',\ g' = t^{m'} v',\ \ u',\ v' \in \mathcal{O}_P^*$$

があったとする．$fg' = f'g$ だから，

$$t^{n+m'} uv' = t^{n'+m} u'v, \quad uv',\ u'v \in \mathcal{O}_P^*$$

となる．よって，$n + m' = n' + m$．すなわち，$m - n = m' - n'$ となる．したがって，$v(\xi)$ は ξ の表示によらない．

(2) $\xi = \dfrac{g}{f},\ \eta = \dfrac{g'}{f'}$ と書いて

$$f = t^n u,\ g = t^m v,\ f' = t^{n'} u',\ g' = t^{m'} v', \quad u,\ v,\ u',\ v' \in \mathcal{O}_P^*$$

と表す．このとき，

$$\xi\eta = \frac{gg'}{ff'}, \quad ff' = t^{n+n'} uu', \ \ gg' = t^{m+m'} vv'$$

となるから，

$$v(\xi\eta) = (m+m') - (n+n') = (m-n) + (m'-n')$$
$$= v(\xi) + v(\eta)\ .$$

また，

$$\xi + \eta = \frac{t^m}{t^n}(vu^{-1}) + \frac{t^{m'}}{t^{n'}}(v'u'^{-1})$$
$$= \frac{t^{m+n'}(vu^{-1}) + t^{m'+n}(v'u'^{-1})}{t^{n+n'}}\ .$$

もし $m+n' \leq m'+n$ ならば，すなわち $v(\xi) \leq v(\eta)$ ならば，

$$\xi + \eta = \frac{t^{m+n'}}{t^{n+n'}}\left(vu^{-1} + t^{v(\eta)-v(\xi)}v'u'^{-1}\right)\ .$$

ここで，$vu^{-1} + t^{v(\eta)-v(\xi)}v'u'^{-1} \in \mathcal{O}_P$ である．したがって，$v(\xi+\eta) \geq (m+n') - (n+n') = m - n = v(\xi)$．とくに，$v(\xi) < v(\eta)$ ならば，$vu^{-1} + t^{v(\eta)-v(\xi)}v'u'^{-1} \notin \mathfrak{m}_P$．したがって，$v(\xi+\eta) = v(\xi)$．同様にして，$v(\eta) \leq v(\xi)$ ならば，$v(\xi+\eta) \geq v(\eta)$．また，$v(\eta) < v(\xi)$ ならば，$v(\xi+\eta) = v(\eta)$．

(3)　$\xi = \dfrac{g}{f}$，$f = t^n u$，$g = t^m v$ として，$v(\xi) = m - n \geq 0$ ならば，$\xi = t^{m-n}(vu^{-1}) \in \mathcal{O}_P$．逆に，$\xi \in \mathcal{O}_P$ ならば，$m \geq n$ である．よって $v(\xi) \geq 0$ である．$v(\xi) > 0 \iff \xi \in \mathfrak{m}_P$ となることも同様にして証明される．□

定義 2.3.3　整域である局所環 $(\mathcal{O}, \mathfrak{m})$ とその商体 $K = Q(\mathcal{O})$ について，関数 $v : K \to \mathbb{Z} \cup (\infty)$ が存在して，次の 3 条件

(i) $\xi \in K$ について，$v(\xi) = \infty \iff \xi = 0$
(ii) $\xi, \eta \in K$ について，$v(\xi\eta) = v(\xi) + v(\eta)$, $v(\xi+\eta) \geq \min\{v(\xi), v(\eta)\}$
(iii) $\xi \in K$ について，$v(\xi) \geq 0 \iff \xi \in \mathcal{O}$, $v(\xi) > 0 \iff \xi \in \mathfrak{m}$

を満たすとき，$(\mathcal{O}, \mathfrak{m})$ は K の**離散付値環**[1] (DVR) であるといい，v をその**付値**という．条件 (iii) より，K の元 ξ について，$\xi \in \mathcal{O}$ または $\xi^{-1} \in \mathfrak{m}$ が成立する．

[1] discrete valuation ring

補題2.3.2の前で定義した，点Pに付随した付値vは$v(t)=1$を満たす．このような付値を**正規付値**という．点Pに付随していることを示すためにvをv_Pとも記す．

【補題 2.3.4】 $(\mathcal{O},\mathfrak{m})$を付値$v: K := Q(\mathcal{O}) \to \mathbb{Z} \cup (\infty)$をもつ離散付値環とすると，次のことがらが成立する．

(1) $\mathfrak{m}$の元tが存在して，$\mathfrak{m} = t\mathcal{O}$となる．また，$J := \bigcap_{n>0} \mathfrak{m}^n = (0)$.

(2) $\mathcal{O}$の任意の非零イデアルIに対して，自然数nが存在して$I = t^n\mathcal{O}$となる．したがって，$\mathcal{O}$は単項イデアル整域である．

(3) $\mathcal{O}$の元fは$f = t^n u$, $n \geq 0$, $u \in \mathcal{O}^*$と表される．また，$\xi \in K$を$\xi = \dfrac{g}{f}$, $f = t^n u$, $g = t^m v$, $u, v \in \mathcal{O}^*$と表すと，$v(\xi) = m - n$である．ただし，$v(t) = 1$とする．

証明 (1) 整数m, nについて$v(\xi) = m$, $v(\eta) = n$とすると，$m + n = v(\xi\eta)$である．また，$r \in \mathbb{Z}$に対して，$r \geq 0$ならば$v(\xi^r) = rm$となる．$r < 0$ならば，$\xi \neq 0$だから，$v(1/\xi^{-r}) = -(-r)v(\xi) = rm$となる．したがって，$(\operatorname{Im} v) \setminus \{\infty\}$は$\mathbb{Z}$のイデアルである．$\mathbb{Z}$は単項イデアル整域だから，自然数$m_0$が存在して$(\operatorname{Im} v) \setminus \{\infty\} = m_0\mathbb{Z}$と表せる．すなわち，$m_0$は集合$\{|v(\xi)| \mid \xi \in K \setminus \{0\}\}$の0でない最小値であり，$v(\xi)$は$m_0$の倍数になっている．したがって，$v$を$m_0^{-1}v$で置き換えて，$m_0 = 1$と仮定してもよい．

$v(t) = 1$となる元$t \in K$を取ると，(iii)の条件によって$t \in \mathfrak{m}$である．$a \in \mathfrak{m}$に対して，$n = v(a) > 0$とすると，$v(a \cdot t^{-v(a)}) = v(a) - v(a)v(t) = 0$となる．これから$a \cdot t^{-v(a)} \in \mathcal{O}^*$となることがわかる．よって，$a \in t^{v(a)}\mathcal{O} \subseteq t\mathcal{O}$となる．したがって，$\mathfrak{m} \subseteq t\mathcal{O}$である．逆の包含関係$t\mathcal{O} \subseteq \mathfrak{m}$は明らかだから，$\mathfrak{m} = t\mathcal{O}$となる．

$J = \bigcap_{n>0} \mathfrak{m}^n \neq (0)$と仮定して，$a$を$J$の非零元とする．$v(a)$は自然数である．よって，$a = t^{v(a)}u$と書けて，$u = a \cdot t^{-v(a)} \in \mathcal{O}^*$である．したがって，$a \in \mathfrak{m}^{v(a)}$．一方，$a$の選び方から，$a \in \mathfrak{m}^{v(a)+1}$である．$\mathfrak{m}^{v(a)+1} = t^{v(a)+1}\mathcal{O}$だから，$a = t^{v(a)+1}b$, $b \in \mathcal{O}$と表せる．すると，$u = tb \in \mathfrak{m}$となって，uが単元であることに矛盾する．よって，$J = (0)$となる．

(2)　I を $\mathcal{O}$ の任意のイデアルとする．$\mathbb{Z}$ の部分集合 $\{v(a) \mid a \in I \setminus \{0\}\}$ は 0 以上の整数からなる．よって，その最小値が存在するから，それを n とし，$v(a) = n \quad (a \in I)$ とする．このとき，$u := a \cdot t^{-n} \in \mathcal{O}^*$．よって，$t^n = au^{-1} \in I$ となるから，$t^n\mathcal{O} \subseteq I$．逆に，$b$ を I の非零元とすると，$b = t^m v$, $m \geq 0$, $v \in \mathcal{O}^*$ と表される．n の選び方から，$m \geq n$ である．よって，$b \in t^m\mathcal{O} \subseteq t^n\mathcal{O}$．よって，$I \subseteq t^n\mathcal{O}$ となり，$I = t^n\mathcal{O}$ となる．

(3)　ξ を K の非零元として $\xi = \dfrac{g}{f}$ $(f, g \in \mathcal{O})$ と表す．f, g は非零元であるから，0 以上の整数 m, n が存在して，$f = t^n u$, $g = t^m v$ と書ける．ただし $n = v(f)$，$m = v(g)$ であり，$u, v \in \mathcal{O}^*$ である．よって，

$$v(\xi) = v(g) - v(f) = m - n$$

となる．□

R を整域とする．R の商体 $Q(R)$ の元 ξ が R 上整である，すなわち，ξ が R 係数のモニックな方程式

$$\xi^n + a_{n-1}\xi^{n-1} + \cdots + a_1\xi + a_0 = 0$$

を満たすならば，ξ は R の元であるとき，R は**整閉整域**であるという．

【補題 2.3.5】　離散付値環 $(\mathcal{O}, \mathfrak{m})$ は整閉整域である．

証明　$\xi \in Q(\mathcal{O})$ がモニックな方程式

$$\xi^n + a_{n-1}\xi^{n-1} + \cdots + a_1\xi + a_0 = 0, \quad \forall\, a_i \in \mathcal{O}$$

を満たすとする．$v(\xi) < 0$ と仮定する．上の方程式を $-a_0 = \xi^n + a_{n-1}\xi^{n-1} + \cdots + a_1\xi$ と書いて，両辺の v の値を評価すると，$v(a_{n-1}) \geq 0, \ldots, v(a_1) \geq 0$ となることに注意して，

$$\begin{aligned}
&v\left(\xi^n + a_{n-1}\xi^{n-1} + \cdots + a_1\xi\right) \\
&= \min\{v(\xi^n), v(a_{n-1}\xi^{n-1}), \ldots, v(a_1\xi)\} \\
&= \min\{nv(\xi), (n-1)v(\xi) + v(a_{n-1}), \ldots, v(\xi) + v(a_1)\} = nv(\xi) < 0
\end{aligned}$$

$$v(-a_0) = v(a_0) \geq 0 .$$

これは矛盾である．よって，$v(\xi) \geq 0$．すなわち，$\xi \in \mathcal{O}$． □

▣ 例 2.3.6 $f = Y^2 - X^3$ として，$C = V(f)$ とする．$P_0(0,0)$ は C 上の重複度 2 の特異点である．また，C の座標環を $R = k[x, y]$ とする．このとき，次のことがらが成立する．

(1) 関数体 $k(C)$ において $t = \dfrac{y}{x}$ を取ると，$x = t^2, y = t^3$ となる．よって，$k(C)$ は純超越拡大体 $k(t)$ に等しい．したがって，C は有理曲線である．

(2) 写像 $\varphi : \mathbb{A}^1 \to C$ を $\varphi(\alpha) = (\alpha^2, \alpha^3)$ と定義すると，

$$\varphi|_{\mathbb{A}^1 \setminus \{0\}} : \mathbb{A}^1 \setminus \{0\} \to C \setminus \{P_0\}$$

は全単射で，$Q \in \mathbb{A}^1 \setminus \{0\}$, $P = \varphi(Q)$ ならば，$\mathcal{O}_Q \cong \mathcal{O}_P$ となる．

(3) P_0 は C の特異点である．また，$\mathbb{A}^1$ の点 $\{0\}$ を Q_0 と書くとき，$\mathcal{O}_{Q_0} = k[t]_{(t)}$．点 P_0 における C の局所環 $\mathcal{O}_{P_0}$ について，$\mathcal{O}_{P_0} \subsetneqq \mathcal{O}_{Q_0}$．$P_0$ のような特異点を**尖点**という．

証明 (1) C は次のような図形をもつ曲線である．

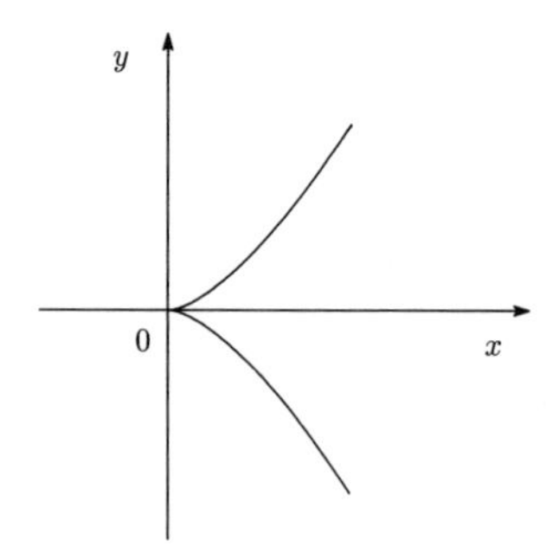

$y^2 = x^3$ だから，両辺を x^2 で割って，$x = \left(\dfrac{y}{x}\right)^2 = t^2$ となる．よって，$y = xt = t^3$．$k(C) = k(x, y)$ だから，$k(C) \subseteq k(t)$．$t = \dfrac{y}{x}$ だから，逆の包含関係 $k(t) \subseteq k(C)$ は明らかである．よって，$k(C) = k(t)$．

(2) $\varphi(t) = \varphi(t_1)$, $tt_1 \neq 0$ と仮定すると，$t^2 = t_1^2$, $t^3 = t_1^3$ より，$t = \pm t_1$．$t = -t_1$ ならば，$2t_1^3 = 0$ となり $t_1 = 0$．これは $t_1 \neq 0$ という仮定に反す

る．よって，$t = t_1$．すなわち，$\varphi|_{\mathbb{A}^1 \setminus \{0\}}$ は単射である．C の点 $P(\alpha, \beta)$ を $P \neq P_0$ と取れば，$\beta^2 = \alpha^3$ だから，$\alpha \neq 0$．$\gamma = \dfrac{\beta}{\alpha}$ とおけば，$\gamma \neq 0$ で，$\alpha = \gamma^2$，$\beta = \gamma^3$．よって，$\varphi|_{\mathbb{A}^1 \setminus \{0\}}$ は全射である．また，$t = \gamma$ で与えられる $\mathbb{A}^1$ の点を Q とすると，$\mathcal{O}_Q = k[t]_{(t-\gamma)}$ である．ここで，

$$
\begin{aligned}
t - \gamma &= \frac{y}{x} - \frac{\beta}{\alpha} = \frac{\alpha y - \beta x}{\alpha x} \\
&= \frac{\alpha(y-\beta) - \beta(x-\alpha)}{\alpha x} \\
x - \alpha &= t^2 - \alpha = t^2 - \frac{\beta^2}{\alpha^2} \cdot \frac{\alpha^3}{\beta^2} \\
&= \left(t - \frac{\beta}{\alpha}\right)\left(t + \frac{\beta}{\alpha}\right) = (t-\gamma)\left(t + \frac{\beta}{\alpha}\right) \\
y - \beta &= t^3 - \beta = t^3 - \frac{\beta^3}{\alpha^3} \cdot \frac{\alpha^3}{\beta^2} \\
&= (t-\gamma)\left(t^2 + \frac{\beta}{\alpha}t + \frac{\beta^2}{\alpha^2}\right)
\end{aligned}
$$

という関係があるから，$\mathcal{O}_Q$ と $\mathcal{O}_P = k[x,y]_{(x-\alpha, y-\beta)}$ が同型であることがわかる．実際，$f(t) \in k[t]$ に対して $f(\gamma) \neq 0$ ならば，$f(t) = (t-\gamma)f_1(t) + f(\gamma)$ だから，$f\left(\dfrac{y}{x}\right) \in f(\gamma) + (x-\alpha, y-\beta)\mathcal{O}_P$ となる．逆に，$g(x,y) \in k[x,y]$ について，$g(\alpha,\beta) \neq 0$ ならば，$g(x,y) = g_1(x-\alpha, y-\beta) + g(\alpha,\beta)$ と書けるので，$g(t^2,t^3) = g_1(t^2-\alpha, t^3-\beta) + g(\alpha,\beta) \in g(\alpha,\beta) + (t-\gamma)\mathcal{O}_Q$ となる．

(3)　$f_x = -3x^2$，$f_y = 2y$ だから，$f_x(P_0) = f_y(P_0) = 0$ となる．したがって，P_0 は C の特異点である．また，$\mathcal{O}_{P_0} = k[x,y]_{(x,y)} \subsetneq k[t]_{(t)}$ である．実際，$\mathcal{O}_{P_0} \subseteq k[t]_{(t)}$ であるが，$t \in k[x,y]_{(x,y)}$ ならば，

$$
t = \frac{g(x,y)}{f(x,y)}, \quad f(x,y), g(x,y) \in k[x,y], \quad f(0,0) \neq 0
$$

と表される．この式に $x = t^2, y = t^3$ を代入すると，$tf(t^2,t^3) = g(t^2,t^3)$ という t に関する恒等式が得られるが，$f(0,0) \neq 0$ だから左辺の最小 t-次数は 1 である．ところが，右辺の最小 t-次数は 2 以上になる．これは矛盾である．　□

▣ 例 2.3.7　$f = Y^2 - (X^2 + X^3)$，$C = V(f)$ とすると，$R = k[x,y]$ で $y^2 = x^2 + x^3$ となる．そのグラフは次のようになる．

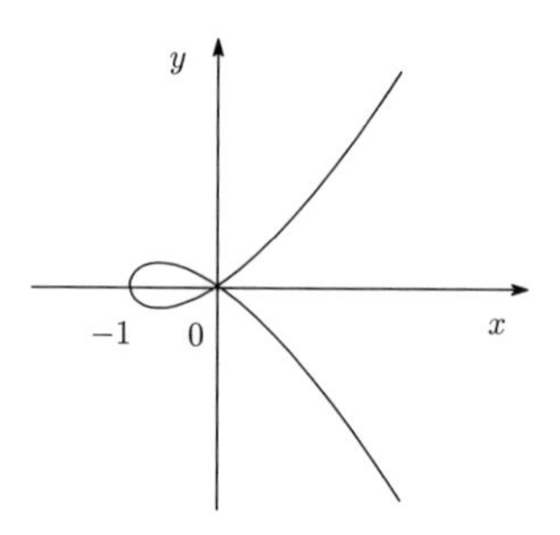

$y^2 = x^2 + x^3$ の両辺を x^2 で割って $t = \dfrac{y}{x}$ とおくと，$t^2 = 1 + x$ となる．すなわち，$x = t^2 - 1$．これを $t = \dfrac{y}{x}$ に代入して $y = t(t^2 - 1)$ となる．したがって，$k(C) = k(t)$ となるので，C は有理曲線である．

また，写像 $\varphi : \mathbb{A}^1 \to C$ を $\varphi(t) = (t^2 - 1, t(t^2 - 1))$ で定義すると，

$$\varphi|_{\mathbb{A}^1 \setminus \{-1,1\}} : \mathbb{A}^1 \setminus \{-1, 1\} \to C \setminus \{P_0\}$$

は全単射である．ただし，点 $P_0(0,0)$ は重複度 2 の特異点である．$P(\alpha, \beta) \in C \setminus \{P_0\}$ ならば，$\mathcal{O}_P \cong k[t]_{(t-\frac{\beta}{\alpha})}$ となる．しかし，$\varphi(1) = \varphi(-1) = P_0$ となっていて，$\mathcal{O}_{P_0} \subsetneqq k[t]_{(t-1)}$, $\mathcal{O}_{P_0} \subsetneqq k[t]_{(t+1)}$ である．実際，$t \in k[t]_{(t-1)} \cap k[t]_{(t+1)}$ であるが，$t \notin \mathcal{O}_{P_0}$ である．P_0 は C の特異点であるが，P_0 のような点を**結節点**という．　□

代数曲線 $C = V(f)$ の点 P とその局所環 $\mathcal{O}_P$ について，次のことがらが成立する．

【補題 2.3.8】　次の 2 条件は同値である．

(1)　点 P は C の非特異点である．

(2)　局所環 $\mathcal{O}_P$ は離散付値環である．

証明　補題 2.3.1 と補題 2.3.2 によって，(1) $\Longrightarrow$ (2) が成り立つことがわかる．(2) $\Longrightarrow$ (1) となることを示す．点 P の座標が (α, β) のときは座標変換 $x' = x - \alpha$, $y' = y - \beta$ を施すことによって，$(0, 0)$ を座標にもつと仮定してもよい．すると，条件 (2) によって，$\mathcal{O}_P = k[x, y]_{(x,y)}$, $\mathfrak{m}_P = (x, y)\mathcal{O}_P = t\mathcal{O}_P$

となっている．必要ならば x と y を入れ替えて，

$$x = tu, \quad y = t^m v \ \ (m \geq 1), \quad u,\ v \in \mathcal{O}_P^*$$

と仮定できる．$t = xu^{-1}$ を $y = t^m v$ に代入して

$$\frac{y}{v} = \left(\frac{x}{u}\right)^m, \text{ すなわち，} \quad u^m y = x^m v$$

となるが，$u = \dfrac{h}{g}, v = \dfrac{h_1}{g_1}$ の形の元である．ただし，$g, h, g_1, h_1 \in k[x,y] \setminus (x,y)$．これを式 $u^m y = x^m v$ に代入すると，$h^m g_1 y = g^m h_1 x^m$ となって，$h^m g_1, g^m h_1 \in k[x,y] \setminus (x,y)$．改めて，$u = h^m g_1, v = g^m h_1$ とおいて，$uy = vx^m$ かつ $u, v \in k[x,y] \setminus (x,y)$ となっているとしてもよい．すると，$k[X,Y]$ の元 $g(X,Y)$ が存在して

$$u(X,Y)Y - X^m v(X,Y) = f(X,Y)g(X,Y)$$

を満たす．Y に関する偏微分を取ると，

$$u + Y\frac{\partial u}{\partial Y} - X^m \frac{\partial v}{\partial Y} = g\frac{\partial f}{\partial Y} + f\frac{\partial g}{\partial Y}$$

を得る．この式に $X = 0, Y = 0$ を代入して，

$$0 \neq u(0,0) = g(0,0)\frac{\partial f}{\partial Y}(P)$$

となる．したがって，$\dfrac{\partial f}{\partial Y}(P) = \dfrac{\partial f}{\partial y}(P) \neq 0$．よって，点 P は C の非特異点である．　□

$C = V(f)$ のすべての点が非特異点であるとき，C は**非特異代数曲線**であるという．

この節の最後に次の結果を与えておく．

【補題 2.3.9】　既約代数曲線 $C = V(f)$ の座標環を $R = k[x,y]$ とし，商体を $k(C)$ とする．点 P が C のすべての点を動くとき，$k(C)$ の部分環 $\mathcal{O}_P$ の共通部分を取ると，

$$R = \bigcap_{P \in C} \mathcal{O}_P \ .$$

すなわち，C のすべての点 P で正則な C 上の有理関数は C 上の正則関数である．

証明 点 $P(\alpha,\beta) \in C$ に対して，$(x-\alpha, y-\beta) = \{g \in R \mid g(\alpha,\beta) = 0\}$ は R の極大イデアルで，$\mathcal{O}_P = R_{(x-\alpha,y-\beta)}$．よって，$R \subseteq \mathcal{O}_P$．これから $R \subseteq \bigcap_{P\in C} \mathcal{O}_P$ となることがわかる．

逆の包含関係を示す．$\xi \in \bigcap_{P\in C} \mathcal{O}_P$ として，$I_\xi = \{a \in R \mid a\xi \in R\}$ とおく．I_ξ は R のイデアルである．$I_\xi = R$ ならば，$1 \in I_\xi$．よって，$\xi \in R$ となる．$I_\xi = R$ となることを背理法で証明する．$I_\xi \subsetneq R$ と仮定すると，R の極大イデアル M で $I_\xi \subseteq M$ となるものが存在する（定理1.3.5）．M に対応する C の点を P とすると，$\mathcal{O}_P = R_M$ となる．ξ の選び方から，$\xi \in \mathcal{O}_P$．よって，R の元 c, d が存在して，$c \notin M$ かつ $c\xi = d \in R$ となる．すなわち，$c \in I_\xi \subseteq M$ となる．これは矛盾である．したがって，$I_\xi = R$ となり，$\xi \in R$ となる． □

2.4 曲線の交叉と交叉数

$f(X,Y)$ と $g(X,Y)$ を $k[X,Y]$ の互いに素な既約元として，代数曲線 $C := V(f)$ と $D := V(g)$ を考える．$\mathbb{A}^2$ の点 $P(\alpha,\beta)$ が $f(\alpha,\beta) = g(\alpha,\beta) = 0$ を満たすとき，P は C と D の**交点**という．f と g を Y に関する多項式として，

$$\begin{cases} f = a_m(X)Y^m + a_{m-1}(X)Y^{m-1} + \cdots + a_1(X)Y + a_0(X) \\ g = b_n(X)Y^n + b_{n-1}(X)Y^{n-1} + \cdots + b_1(X)Y + b_0(X) \end{cases}$$

と書く．ここで，f と g の係数を，f の係数をずらしながら n 回，g の係数をずらしながら m 回，並べて作った次の行列式を考える．

$$
\mathrm{Res}(f,g) = \begin{vmatrix}
a_m & a_{m-1} & \cdots & \cdots & a_1 & a_0 & 0 & \cdots\cdots & 0 \\
0 & a_m & a_{m-1} & \cdots & \cdots & a_1 & a_0 & 0 \cdots & 0 \\
0 & 0 & a_m & a_{m-1} & \cdots & \cdots & a_1 & a_0 \cdots & 0 \\
 & & & \ddots & \ddots & & & \ddots & \ddots \\
0 & 0 & \cdots & 0 & a_m & a_{m-1} & \cdots\cdots & a_1 & a_0 \\
b_n & b_{n-1} & \cdots & \cdots & b_1 & b_0 & 0 & \cdots\cdots & 0 \\
0 & b_n & b_{n-1} & \cdots & \cdots & b_1 & b_0 & 0 \cdots & 0 \\
0 & 0 & b_n & b_{n-1} & \cdots & \cdots & b_1 & b_0 \cdots & 0 \\
 & & & \ddots & \ddots & & & \ddots & \ddots \\
0 & 0 & \cdots & 0 & b_n & b_{n-1} & \cdots\cdots & b_1 & b_0
\end{vmatrix}
\begin{matrix} \left.\vphantom{\begin{matrix}a\\a\\a\\a\\a\end{matrix}}\right\} n \\ \left.\vphantom{\begin{matrix}a\\a\\a\\a\\a\end{matrix}}\right\} m \end{matrix}
$$

この行列式を f と g の**終結式** (resultant) という．$\mathrm{Res}(f,g)$ は $k[X]$ の元である．このとき，次の結果が成立する．

【補題 2.4.1】 代数曲線 C と D が交点 $P(\alpha,\beta)$ をもてば，$\mathrm{Res}(f,g)(\alpha) = 0$ となる．逆に，k の元 α が $\mathrm{Res}(f,g) = 0$ の解ならば，$f(\alpha,\beta) = g(\alpha,\beta) = 0$ を満たす k の元 β が存在する．すなわち，C と D の交点が存在する．

証明には，[3] の定理 3.4.2 である，次の結果を用いる．

【定理 2.4.2】 $f(x), g(x)$ を体 K 上の 1 変数多項式環の元として，

$$f(x) = a_m x^m + a_{m-1}x^{m-1} + \cdots + a_1 x + a_0,$$
$$g(x) = b_n x^n + b_{n-1}x^{n-1} + \cdots + b_1 x + b_0$$

と表して，上と同様に終結式 $\mathrm{Res}(f,g)$ を定義する．このとき，K の代数拡大体 L が存在して，方程式 $f(x) = 0$ と $g(x) = 0$ が L の中で共通解をもつための必要十分条件は $\mathrm{Res}(f,g) = 0$ である[2]．

---

[2] $f(x)$ と $g(x)$ が $K[x]$ の既約元である場合を考える．K の拡大体 L が $f(x)$ と $g(x)$ の分解体であるというのは，L の元 ξ_i, η_j が存在して $f(x) = a_m \prod_{i=1}^{m}(x-\xi_i)$，$g(x) = b_n \prod_{j=1}^{n}(x-\eta_j)$ と書けるときにいう．ただし，$\xi_i \neq \xi_{i'}$ $(i \neq i')$，$\eta_j \neq \eta_{j'} (j \neq j')$ である．$f(x) = 0$ と $g(x) = 0$ が L で共通解をもつのは，ある i と j について $\xi_i = \eta_j$ と

ここでは，f, g は $k[X, Y]$ の 2 元で，$k[X]$ に係数をもつ Y の多項式と見ている．k の元 α に対して $\mathrm{Res}(f, g)(\alpha) = 0$ ならば，上の定理によって，$f(\alpha, Y) = g(\alpha, Y) = 0$ は共通解 $Y = \beta$ をもつ．逆に，$f(\alpha, \beta) = g(\alpha, \beta) = 0$ ならば，$f(\alpha, Y) = 0$ と $g(\alpha, Y) = 0$ は共通解をもつから，$\mathrm{Res}(f, g)(\alpha) = 0$ となる． □

$f(X, Y)$ と $g(X, Y)$ を $k[X]$ に係数をもつ Y の多項式とみて，Y の昇べき順序で係数を並べると，

$$R(X) = \left| \begin{array}{cccccccccc} a_0 & a_1 & \cdots & \cdots & a_{m-1} & a_m & 0 & \cdots & \cdots & 0 \\ 0 & a_0 & a_1 & \cdots & \cdots & a_{m-1} & a_m & 0 & \cdots & 0 \\ 0 & 0 & a_0 & a_1 & \cdots & \cdots & a_{m-1} & a_m & \cdots & 0 \\ & & & \ddots & \ddots & & & \ddots & \ddots & \\ 0 & 0 & \cdots & 0 & a_0 & a_1 & \cdots & \cdots & a_{m-1} & a_m \\ b_0 & b_1 & \cdots & \cdots & b_{n-1} & b_n & 0 & \cdots & \cdots & 0 \\ 0 & b_0 & b_1 & \cdots & \cdots & b_{n-1} & b_n & 0 & \cdots & 0 \\ 0 & 0 & b_0 & b_1 & \cdots & \cdots & b_{n-1} & b_n & \cdots & 0 \\ & & & \ddots & \ddots & & & \ddots & \ddots & \\ 0 & 0 & \cdots & 0 & b_0 & b_1 & \cdots & \cdots & b_{n-1} & b_n \end{array} \right| \begin{array}{l} \left.\vphantom{\begin{array}{c} a \\ a \\ a \\ a \\ a \end{array}}\right\} n \\ \left.\vphantom{\begin{array}{c} b \\ b \\ b \\ b \\ b \end{array}}\right\} m \end{array}$$

となる．$1 \leq i \leq n$ について第 $n - i + 1$ 行を第 i 行と交換し，$1 \leq j \leq m$ について第 $n + m - j + 1$ 行を第 $n + j$ 行と交換する．次いで，第 $m + n$ 列を第 1 列に，第 $n + m - 1$ 列を第 2 列に，$\ldots$ という交換を行うと，$\mathrm{Res}(f, g)$ は符号をのぞいて $R(X)$ になる．正確には，$\mathrm{Res}(f, g) = (-1)^{mn} R(X)$ となって，符号の違いだけになる．

【系 2.4.3】 相異なるアフィン既約平面代数曲線 C と D の交点の数は有限である．

証明 交点数が無限であると仮定して矛盾を導く．まず，(α, β_i) $(i = 1, 2, \ldots)$

なるときであるから，$\mathrm{Res}(f, g) = c \prod_{i,j} (\xi_i - \eta_j)$ と表される．ただし，$c \in k$ である．$g(\xi_i) = b_n \prod_{j=1}^{n} (\xi_i - \eta_j)$ だから，$\mathrm{Res}(f, g) = c_1 \prod_{i=1}^{m} g(\xi_i)$ となる $c_1 \in k$ がある．同様に，$c_2 \in k$ が存在して，$\mathrm{Res}(f, g) = c_2 \prod_{j=1}^{n} f(\eta_j)$ とも表される．

が交点になる場合を考える．ここで，$\beta_i \neq \beta_j \quad (i \neq j)$ である．このとき，方程式

$$f(\alpha, Y) = a_m(\alpha)Y^m + a_{m-1}(\alpha)Y^{m-1} + \cdots + a_1(\alpha)Y + a_0(\alpha) = 0$$

は無限個の解 $\beta_i \quad (i = 1, 2, \ldots)$ をもつ．したがって，$a_i(\alpha) = 0 \ (0 \leq \forall\, i \leq m)$ となる．すなわち，剰余の定理によって，$(X - \alpha) \mid a_i(X) \quad (0 \leq i \leq m)$ となる．これは $f(X, Y)$ が既約であることに反する．同じ議論を $g(\alpha, Y) = 0$ に適用しても矛盾が生じる．

したがって，無限個の異なる α の値に対して C と D の交点 (α, β) が存在する．補題2.4.1によって，$\mathrm{Res}(f, g) = 0$ は無限個の解をもつことになる．したがって，$\mathrm{Res}(f, g)(X) = 0$. これは f と g が $k(X)[Y]$ の元として共通因子をもつことを意味する．実際，定理 2.4.2によって, 体 $k(X)$ の代数拡大体 K' の中に $f = g = 0$ の共通解 η が存在する．すなわち, $f(X, \eta) = g(X, \eta) = 0$. これは，$k(X)[Y]$ の既約多項式 $Q(Y)$（η の $k(X)$ 上の最小多項式）が存在して $k(X)[Y]$ の中で $Q(Y) \mid f(X, Y)$, $Q(Y) \mid g(X, Y)$ となることを意味する．ここで,

$$Q(Y) = \frac{B(X)}{A(X)} \cdot P(X, Y), \quad P(X, Y) \in k[X, Y],$$
$$A(X), B(X) \in k[X], \quad \gcd(A(X), B(X)) = 1$$

と表して，$P(X, Y)$ は原始的既約多項式であると仮定する．すると，$Q(Y) \mid f(X, Y)$ となるから，$C(X) \in k[X]$, $f_1(X, Y) \in k[X, Y]$ が存在して，$C(X) f(X, Y) = P(X, Y) f_1(X, Y)$ となる．$k[X, Y]$ は素元分解整域だから，$P(X, Y) \mid f(X, Y)$. 同様にして，$Q(Y) \mid g(X, Y)$ より，$P(X, Y) \mid g(X, Y)$ となる．これは f と g が互いに素であることに反する． □

【補題 2.4.4】 代数曲線 C と D の交点 $P(\alpha, \beta)$ における重複度をそれぞれ r, s とすると，$(x - \alpha)^{rs} \mid \mathrm{Res}(f, g)$ である．

証明 定義2.2.4の後の注意から，変数変換 $x' = x - \alpha, y' = (y - \beta) - c(x - \alpha)$ によって，$f(x, y)$ と $g(x, y)$ は

$$f(x, y) = a_0 x^r + a_1 x^{r-1} y + \cdots + a_r y^r + a_{r+1} y^{r+1} + \cdots + a_m y^m$$

$$g(x,y) = b_0x^s + b_1x^{s-1}y + \cdots + b_sy^s + b_{s+1}y^{s+1} + \cdots + b_ny^n$$

と表されて，$a_0, \ldots, a_m, b_0, \ldots, b_n \in k[x]$, $a_0(0)b_0(0) \neq 0$ とできる．このとき，$R(X)$ は次の行列式に等しい．

$$\begin{vmatrix}
a_0x^r & a_1x^{r-1} & \cdots & a_r & a_{r+1} & \cdots & a_m & 0 & \cdots & \cdots & 0 \\
0 & a_0x^r & a_1x^{r-1} & \cdots & a_r & a_{r+1} & \cdots & a_m & 0 & \cdots & 0 \\
0 & 0 & a_0x^r & a_1x^{r-1} & \cdots & a_r & a_{r+1} & \cdots & a_m & \cdots & 0 \\
 & & & \ddots & \ddots & & & & \ddots & \ddots & \\
0 & 0 & \cdots & 0 & a_0x^r & a_1x^{r-1} & \cdots & a_r & a_{r+1} & \cdots & a_m \\
b_0x^s & b_1x^{s-1} & \cdots & b_s & b_{s+1} & \cdots & b_n & 0 & \cdots & \cdots & 0 \\
0 & b_0x^s & b_1x^{s-1} & \cdots & b_s & b_{s+1} & \cdots & b_n & 0 & \cdots & 0 \\
0 & 0 & b_0x^s & b_1x^{s-1} & \cdots & b_s & b_{s+1} & \cdots & b_n & \cdots & 0 \\
 & & & \ddots & \ddots & & & & \ddots & \ddots & \\
0 & 0 & \cdots & 0 & b_0x^s & b_1x^{s-1} & \cdots & b_s & b_{s+1} & \cdots & b_n
\end{vmatrix}$$

この行列式の第1行に x^s, 第2行に $x^{s-1}, \ldots$, 第 s 行に x, 第 $(n+1)$ 行に x^r, 第 $(n+2)$ 行に $x^{r-1}, \ldots$, 第 $(n+r)$ 行に x をかけると，行列式の第1列は $x^{r+s}, \ldots$, 第 $(r+s)$ 列は x で割れる．したがって，

$$\sum_{i=1}^{r+s} i - \sum_{i=1}^{r} i - \sum_{i=1}^{s} i = \frac{(r+s)(r+s+1)}{2} - \frac{r(r+1)}{2} - \frac{s(s+1)}{2} = rs$$

より，$R(x)$ は x^{rs} で割れることがわかる． □

P を C と D の交点の一つとする．C の座標環を $R = k[X,Y]/(f) = k[x,y]$, D の座標環を $S = k[X,Y]/(g)$ とする．点 P は R の極大イデアル M_P に，また，$k[X,Y]$ の極大イデアル $\widetilde{M}_P$ に対応している．ここで，P は C と D の共通点だから，C と D において P の局所環が考えられる．2つを区別するために，$\mathcal{O}_{C,P}$, $\mathcal{O}_{D,P}$ と表す．極大イデアルも $\mathfrak{m}_{C,P}$, $\mathfrak{m}_{D,P}$ と表す．また，局所環 $k[X,Y]_{\widetilde{M}_P}$ は $\mathcal{O}_{\mathbb{A}^2,P}$ と表す．

【補題 2.4.5】 次のことがらが成立する．

(1) 環同型 $\mathcal{O}_{\mathbb{A}^2,P}/(f,g) \cong \mathcal{O}_{C,P}/(g) \cong \mathcal{O}_{D,P}/(f)$ が成立する．

(2) P が C の非特異点ならば，$\mathcal{O}_{C,P}/(g)$ は有限次元 k ベクトル空間である．その次元について，

$$\dim_k \mathcal{O}_{C,P}/(g) = v_P(g(x,y))$$

となる．ただし，v_P は C の点 P に付随した正規付値である．

証明　(1) $f(X,Y) \in \widetilde{M}_P \mathcal{O}_{\mathbb{A}^2,P}$ に注意すると，$\mathcal{O}_{C,P} \cong \mathcal{O}_{\mathbb{A}^2,P}/(f)$ となる．同様に，$\mathcal{O}_{\mathbb{A}^2,P}/(g) \cong \mathcal{O}_{D,P}$ となる．よって，$\mathcal{O}_{\mathbb{A}^2,P}/(f,g) \cong \mathcal{O}_{C,P}/(g(x,y))$ である．同様に，$\mathcal{O}_{\mathbb{A}^2,P}/(f,g) \cong \mathcal{O}_{D,P}/(f)$ となる．

(2) $\mathfrak{m}_{C,P} = t\mathcal{O}_{C,P}$ とすると，$g(x,y) = t^n u \quad (n \geq 1,\ u \in \mathcal{O}^*_{C,P})$ と表される．$\mathcal{O} = \mathcal{O}_{C,P}$ と簡略化すると，k ベクトル空間 $\mathcal{O}/(g) = \mathcal{O}/(t^n)$ は次のような部分ベクトル空間の列をもつ．

$$\mathcal{O}/(t^n) \supsetneqq t\mathcal{O}/(t^n) \supsetneqq t^2\mathcal{O}/(t^n) \supsetneqq \cdots \supsetneqq t^{n-1}\mathcal{O}/(t^n)$$

ここで，$1 \leq i \leq n$ に対して，

$$\left(t^{i-1}\mathcal{O}/(t^n)\right) / \left(t^i\mathcal{O}/(t^n)\right) \cong t^{i-1}\mathcal{O}/t^i\mathcal{O} \cong \mathcal{O}/t\mathcal{O} = k$$

という k ベクトル空間の同型がある．よって，

$$\dim_k \mathcal{O}/(t^n) = \sum_{i=1}^{n} \dim_k t^{i-1}\mathcal{O}/(t^n) \Big/ t^i\mathcal{O}/(t^n) = n = v_P(g(x,y))\ .$$

□

$\dim_k \mathcal{O}_{\mathbb{A}^2,P}/(f,g)$ のことを $(C \cdot D)_P$ または $i(C,D;P)$ と書いて，C と D の点 P における**交叉数**または**局所交叉数**という．

■例 2.4.6　(1)　$C = V(f)$ の非特異点 P における接線を ℓ_P とすると，$(C \cdot \ell_P)_P \geq 2$.

(2) $f = Y - X^n,\ g = Y - X^m \quad (n < m)$ とし，$C = V(f),\ D = V(g)$ とすると，点 $P(0,0)$ において，$(C \cdot D)_P = n$.

証明　(1) 座標変換によって $P(0,0)$ と仮定してもよい．すると，接線 $\ell_P = V(g)$ で，$g = f_X(P)X + f_Y(P)Y$ である．一方，$R = k[X,Y]/(f) = k[x,y]$

において，

$$f(x,y)=f_x(P)x+f_y(P)y+\frac{1}{2!}f_{xx}(P)x^2+f_{xy}(P)xy+\frac{1}{2!}f_{yy}(P)y^2+\cdots=0$$

だから，$R/(g(x,y))$ において x と y は関係式

$$\begin{cases} f_x(P)x+f_y(P)y=0 \\ \frac{1}{2!}f_{xx}(P)x^2+f_{xy}(P)xy+\frac{1}{2!}f_{yy}(P)y^2+\cdots=0 \end{cases}$$

を満たす．$f_y(P)\neq 0$ とすると，$\mathcal{O}_{C,P}$ において $y=-f_y(P)^{-1}f_x(P)x$ となる．これを2番目の式に代入すると x に関する多項式が得られるが，その最低次数は2以上である．よって，$\dim_k \mathcal{O}_{C,P}/(g)\geq 2$.

(2) $R=k[x,y]$ において，$f(x,y)=0$ より，$y=x^n$ となる．これを $g(x,y)$ に代入して，$g(x,y)=x^n(1-x^{m-n})$. ここで，$1-x^{m-n}$ は $\mathcal{O}_{C,P}$ の単元である．よって，$\mathcal{O}_{C,P}/(g)=\mathcal{O}_{C,P}/(x^n)$ となる．よって，$(C\cdot D)_P=n$. □

C と D がともに点 P を特異点にもつときは交叉数の計算はかなり複雑である．

■ 例 2.4.7　$f=X^2-Y^3$, $g=X^5-Y^7$ とし，$C=V(f)$, $D=V(g)$ とすると，点 $P(0,0)$ において，$(C\cdot D)_P=14$ である．点 P における C, D の重複度は，それぞれ2と5であるが，$(C\cdot D)_P>2\cdot 5=10$ となっている．

証明　$R=k[X,Y]/(f)=k[x,y]$ において $x^2=y^3$ である．よって，$\mathcal{O}_{C,P}=k[y]_{(y)}+k[y]_{(y)}x$ である．ただし，$k[y]_{(y)}$ では，k-係数の y の多項式 $h(y)$ で $h(0)\neq 0$ となるものはすべて可逆元 $h(y)^{-1}$ をもっている．$\mathcal{O}_{C,P}/(g)$ を考えると，$x^5=y^7$ となっている．ただし，x, y の $\mathcal{O}_{C,P}/(g)$ における剰余類を x, y と同じ記号で書いている．よって，$y^6x=(y^3)^2x=(x^2)^2x=x^5=y^7$ である．このとき，$y^8=y\cdot y^7=y\cdot(y^6x)=y^7x=(y^6x)\cdot x=y^6\cdot x^2=y^6\cdot y^3=y^9$ となる．したがって，$y^8(1-y)=0$ となるが，$1-y$ は可逆元だから，$y^8=0$. このことから，

$$\mathcal{O}_{C,P}/(g)=\sum_{i=0}^{7}ky^i+\sum_{i=0}^{5}y^ix$$

となっている．ただし，$y^6x=y^7$, $y^7x=y^8=0$ となっていることに注意せ

よ．このとき，上の分解は $\mathcal{O}_{C,P}/(g)$ の k-加群としての直和分解である．したがって，$\dim_k \mathcal{O}_{C,P}/(g) = 14$ となる．□

【定理 2.4.8】 C と D を $f(X,Y)=0$ と $g(X,Y)=0$ で定義される相異なる既約代数曲線とすると，次の等式が成立する．

$$\dim_k k[X,Y]/(f,g) = \sum_{P\in C\cap D} i(C,D;P) .$$

ただし，(f,g) は f と g で生成された $k[X,Y]$ のイデアルである．

証明　$R=k[X,Y]/(f)$ は代数曲線 C の座標環であり，f は既約多項式だから R は整域である．$\overline{g}$ を g の R における剰余類として，$\overline{g}$ を含む R の極大イデアルのすべてを $M_1,\ldots,M_r$ とすると，それらは $C\cap D$ に属する点 $P_1,\ldots,P_r$ に対応している．このとき，任意の $i\neq j$ について，$M_i+M_j=R$ となっている．（M_i と M_j は互いに素であるという．）このとき，次のことがらを証明すれば，定理の等式が成立していることがわかる．

(1) 十分に大きな整数 N を取ると，任意の i について，$(M_iR_{M_i})^N \subseteq (\overline{g})R_{M_i}$．

(2) 対応 $z+(M_1\cdots M_r)^N \mapsto \left(z+(M_1R_{M_1})^N,\ldots,z+(M_rR_{M_r})^N\right)$ は環同型写像

$$R/(M_1\cdots M_r)^N \cong R_{M_1}/(M_1R_{M_1})^N \oplus\cdots\oplus R_{M_r}/(M_rR_{M_r})^N$$

を与える．

(3) 上の環同型写像は次の環同型写像を誘導する．

$$R/(\overline{g}) \cong R_{M_1}/(\overline{g}R_{M_1}) \oplus\cdots\oplus R_{M_r}/(\overline{g}R_{M_r})$$

(4) 任意の i について，$R_{M_i}/(\overline{g}R_{M_i}) \cong \mathcal{O}_{C,P_i}/(g)$.

簡単に，これらの主張がどのように証明されるか，そのアイデアを述べておく．未定義の言葉については [4] の第 8 章を参照されたい．

(1) については，R_{M_i} は (0) と $M_iR_{M_i}$ しか素イデアルをもたない局所環で整域である．これを簡単に 1 次元局所整域という．その (0) でない真のイデ

アル $(\overline{g})$ の素イデアル分解を考えると，$\sqrt{\overline{g}R_{M_i}} = M_iR_{M_i}$ となっていることがわかる．したがって，$(M_iR_{M_i})^{N_i} \subseteq \overline{g}R_{M_i}$ となる正整数 N_i が存在する．$N = \max_{1\leq i\leq r} N_i$ と取ればよい．

(2) は中国式剰余定理（[3] の定理 5.1.7）である．

(3) を証明するのに，R の中で $\sqrt{(\overline{g})} = M_1 \cap \cdots \cap M_r$ が素イデアル分解になっていることに注意する．ここで，$M_1 \cap \cdots \cap M_r = M_1 \ \cdots \ M_r$ だから，N を十分大きく取り直せば，$(M_1 \cdots M_r)^N \subseteq (\overline{g})$ となる．よって，

$$(\overline{g})/(M_1 \cdots M_r)^N \cong (\overline{g}R_{M_1})/\left(M_1R_{M_1}\right)^N \oplus \cdots \oplus (\overline{g}R_{M_r})/\left(M_rR_{M_r}\right)^N$$

というイデアルの分解がある．(2) における環の直和分解において，左辺の環を上のイデアルの直和分解の左辺のイデアルで剰余環を取ると，それは，右辺の直和成分の環を対応する右辺のイデアルで剰余環を取ったものの，環としての直和になっている．

(4) は定義そのものである．

(3) における左辺の環は $R/(M_1 \cdots M_r)^N$ の剰余環だから，

$$\dim_k R/(\overline{g}) \leq \dim_k R/(M_1 \cdots M_r)^N < \infty$$

となっている．同様に，$\dim_k R_{M_i}/(\overline{g}R_{M_i}) \leq \dim_k R_{M_i}/(M_iR_{M_i})^N < \infty$ となっている．したがって，(3) における直和分解は，有限次元ベクトル空間の直和分解にもなっている．したがって，定理の等式が得られる．□

第3章
射影平面代数曲線

本章では射影空間をアフィン空間の貼り合わせとして定義することから始める．アフィン平面は射影平面に含まれ，アフィン平面曲線は射影平面曲線に含まれる．非特異射影平面曲線の場合には，曲線の点とその局所環の間の対応が，曲線の点と曲線の関数体の離散付値環の間の1対1対応になっている．また，2つの射影平面曲線の交叉に関してベズーの定理を解説する．この定理は後の展開に重要な役割を果たす．さらに，非特異射影平面曲線の因子，線形系，線形系で定まる有理写像について解説する．最後に，標準因子を導入し，リーマン・ロッホの定理について述べる．次の章で一般の非特異射影代数曲線を定義するが，これらの概念や結果は自然に一般の場合に拡張される．

3.1 射影空間

最初に n 次元射影空間 $\mathbb{P}^n$ を構成する．k^{n+1} を k 上の $(n+1)$ 次元行ベクトル空間として，$k^{n+1} \setminus (0)$ に次のような同値関係を導入する．ただし，$(0) = (0, \ldots, 0)$ である．

$$(\alpha_0, \alpha_1, \ldots, \alpha_n) \sim (\beta_0, \beta_1, \ldots, \beta_n) \iff \exists\, c \in k^*, \beta_i = c\alpha_i \ (0 \leq i \leq n).$$

そこで，$\mathbb{P}^n = (k^{n+1} \setminus (0))/(\sim)$ を同値類全体がなす集合とする．同値類のことを $\mathbb{P}^n$ の**点**という．直観的に言えば，$(\alpha_0, \alpha_1, \ldots, \alpha_n) \in k^{n+1} \setminus (0)$ に対し

て，$(\alpha_0, \alpha_1, \ldots, \alpha_n)$ の同値類は集合

$$\{(\lambda\alpha_0, \lambda\alpha_1, \ldots, \lambda\alpha_n) \mid \lambda \in k^*\}$$

であるから，これは k^{n+1} の点 $(\alpha) = (\alpha_0, \alpha_1, \ldots, \alpha_n)$ と原点 (0) を結ぶ直線 ℓ_α から原点を除いたものである．よって，

$$\mathbb{P}^n = \{\ell \mid \ell \text{ は } k^{n+1} \text{ の原点を通る直線}\}$$

と見なすことができる．

別の見方をすると，$\mathbb{P}^n$ の $(\alpha_0, \alpha_1, \ldots, \alpha_n)$ で代表される点は $\alpha_0, \alpha_1, \ldots, \alpha_n$ の間の**連比**

$$\alpha_0 : \alpha_1 : \cdots : \alpha_n$$

としてただ一通りに表される．よって，$\mathbb{P}^n$ の点（同値類）は，k^{n+1} の元の座標系 $(X_0, X_1, \ldots, X_n)$ を使って同値類に属する k^{n+1} の点を表しても，その連比 $(X_0 : X_1 : \cdots : X_n)$ を使って同値類そのものを表してもよい．このとき，座標 $(X_0, X_1, \ldots, X_n)$ を $\mathbb{P}^n$ の点の**斉次座標**という．

$\alpha_0 \neq 0$ ならば，$(\alpha_0, \alpha_1, \ldots, \alpha_n)$ の同値類は

$$\left(1, \frac{\alpha_1}{\alpha_0}, \ldots, \frac{\alpha_n}{\alpha_0}\right)$$

で代表される．ここで，$\left(\dfrac{\alpha_1}{\alpha_0}, \ldots, \dfrac{\alpha_n}{\alpha_0}\right)$ は n 次元アフィン空間 $\mathbb{A}^n$ の点と考えられる．そこで，$X_0 \neq 0$ のとき，$x_1 = \frac{X_1}{X_0}, x_2 = \frac{X_2}{X_0}, \ldots, x_n = \frac{X_n}{X_0}$ とおくと，連比は座標 $(x_1, x_2, \ldots, x_n)$ の値で定まる．このような座標 $(x_1, x_2, \ldots, x_n)$ を $(X_0, X_1, \ldots, X_n)$ で代表される点を表す一つの**非斉次座標**という．ここで，写像

$$\mathbb{A}^n \to \mathbb{P}^n, \quad (x_1, \ldots, x_n) \mapsto (1, x_1, x_2, \ldots, x_n)$$

は単射であるから，$\mathbb{A}^n$ を $\mathbb{P}^n$ の部分集合と考えられる．$\mathbb{A}^n$ の像を U_0 とすると，$H_0 := \mathbb{P}^n \setminus U_0$ は集合

$$H_0 = \{(0, X_1, \ldots, X_n) \mid (X_1, \ldots, X_n) \in k^n \setminus (0)\}/(\sim)$$

である．H_0 は斉次座標 $(X_1, \ldots, X_n)$ をもつ $\mathbb{P}^{n-1}$ に同一視できる．この H_0 を $X_0 = 0$ で定まる $\mathbb{P}^n$ の**超平面**という．したがって，$\mathbb{P}^n$ は集合の直和 $\mathbb{A}^n \coprod \mathbb{P}^{n-1}$ となる．

同様にして，$0 \le i \le n$ に対して

$$U_i = \{(\alpha_0 : \alpha_1 : \cdots : \alpha_n) \in \mathbb{P}^n \mid \alpha_i \neq 0\}$$

は $\mathbb{A}^n$ と同一視でき，$H_i = \mathbb{P}^n \setminus U_i$ は $X_i = 0$ で定まる超平面である．U_i の非斉次座標は

$$\left(\frac{X_0}{X_i}, \frac{X_1}{X_i}, \ldots, \frac{X_{i-1}}{X_i}, \frac{X_{i+1}}{X_i}, \ldots, \frac{X_n}{X_i}\right)$$

である．$\mathbb{P}^n$ の点 P が斉次座標 $(\alpha_0, \alpha_1, \ldots, \alpha_n)$ をもてば，$\alpha_i \neq 0 \quad (\exists\, i)$ となるから，$P \in U_i$ となる．したがって，$\mathbb{P}^n = U_0 \cup U_1 \cup \cdots \cup U_n$ となる．$0 \le i, j \le n\ (i \neq j)$ に対して，U_i と U_j の共通集合は

$$\begin{aligned} U_{ij} &= \left\{ \left(\frac{\alpha_0}{\alpha_i}, \ldots, \frac{\alpha_{i-1}}{\alpha_i}, \frac{\alpha_{i+1}}{\alpha_i}, \ldots, \frac{\alpha_n}{\alpha_i}\right) \in \mathbb{A}^n \;\middle|\; \frac{\alpha_j}{\alpha_i} \neq 0 \right\} \\ &= \left\{ \left(\frac{\alpha_0}{\alpha_j}, \ldots, \frac{\alpha_{j-1}}{\alpha_j}, \frac{\alpha_{j+1}}{\alpha_j}, \ldots, \frac{\alpha_n}{\alpha_j}\right) \in \mathbb{A}^n \;\middle|\; \frac{\alpha_i}{\alpha_j} \neq 0 \right\} \end{aligned}$$

である．最初の書き方は，U_{ij} の点を U_i の座標で表したものであり，次の書き方は U_j の座標で表したものである．2つの座標系は次のように移りあっている．

$$\begin{aligned} \times\frac{X_i}{X_j} : \frac{X_\ell}{X_i} \quad &\mapsto \quad \frac{X_i}{X_j} \cdot \frac{X_\ell}{X_i} = \frac{X_\ell}{X_j} \\ \times\frac{X_j}{X_i} : \frac{X_\ell}{X_j} \quad &\mapsto \quad \frac{X_j}{X_i} \cdot \frac{X_\ell}{X_j} = \frac{X_\ell}{X_i} \end{aligned}$$

▣ 例 3.1.1　$n = 1$ のとき，$\mathbb{P}^1$ を**射影直線**という．$\mathbb{P}^1 = U_0 \cup U_1$ となる．(X_0, X_1) をその斉次座標として，$x = \frac{X_1}{X_0}, y = \frac{X_0}{X_1}$ とおくと，U_0 は x を座標にもつアフィン直線 $\mathbb{A}^1$, U_1 は y を座標にもつアフィン直線 $\mathbb{A}^1$ である．U_0 の $x \neq 0$ となる部分と U_1 の $y \neq 0$ となる部分が，$y = \dfrac{1}{x}, x = \dfrac{1}{y}$ という関係で同一視されている．

$k = \mathbb{C}$ ならば，$\mathbb{P}^1 = \mathbb{C} \cup (\infty)$ である．実数体上でその図は次のようになる．2次元球面 S^2 の北極 N から南極 S の接平面に図のように投影を行えば，接平

面が $\mathbb{C}=\mathbb{R}^2$ で $S^2\setminus\{N\}$ と同一視される．点 ∞ は北極 N に対応する．よって，$\mathbb{P}^1$ は球面 S^2 と同一視できる．$k=\mathbb{C}$ のとき $\mathbb{P}^1$ を $\mathbb{P}^1(\mathbb{C})$ と書くことにすれば，$\mathbb{P}^1(\mathbb{C})$ は球面 S^2 に同一視できる．この意味で，$\mathbb{P}^1(\mathbb{C})$ を**リーマン球面**という．

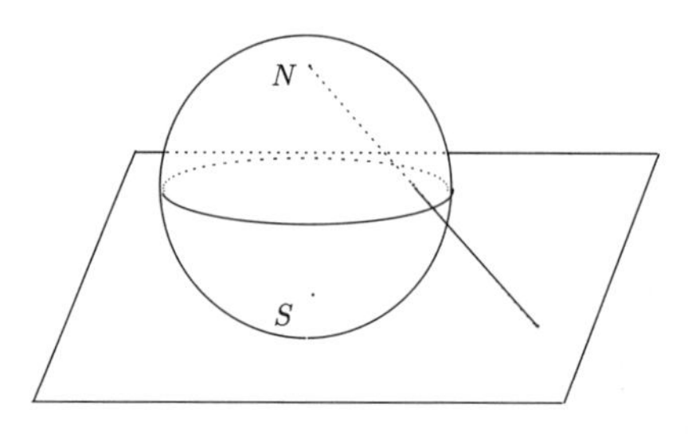

■ **例 3.1.2**　$\mathbb{P}^2$ を**射影平面**という．次の図は実数体 $\mathbb{R}$ 上の $\mathbb{P}^2(\mathbb{R})$ の図であるが，一般の場合にも $\mathbb{P}^2$ を理解するのに役立つ．

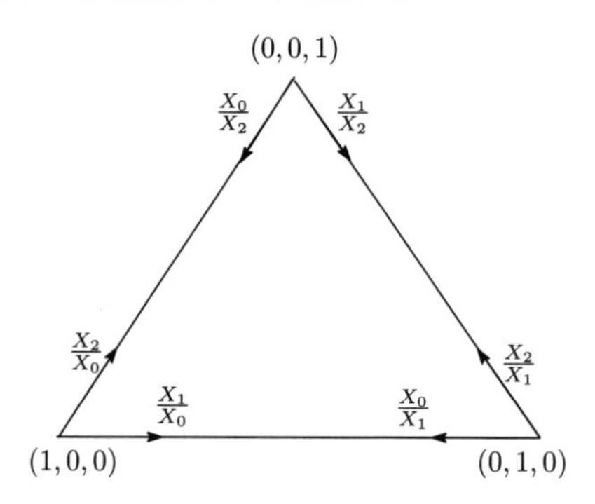

例えば，アフィン平面 U_0 は点 $(1,0,0)$ を原点とし，横軸と縦軸に $\frac{X_1}{X_0}$ と $\frac{X_2}{X_0}$ をもつ．三角形の底辺は超平面 H_2 で $X_2=0$ によって定義される．H_2 は $\mathbb{P}^1$ と同一視されるが，点 $(1,0,0)$ を原点に取れば座標は $\frac{X_1}{X_0}$ であり，点 $(0,1,0)$ を原点に取れば座標は $\frac{X_0}{X_1}$ である．

$k[x_1,x_2,\ldots,x_n]$ を n 変数多項式環とする．多項式 $f(x_1,\ldots,x_n)$ を総次数 d の多項式とするとき，

$$F(X_0,X_1,\ldots,X_n)=X_0^d f\left(\frac{X_1}{X_0},\ldots,\frac{X_n}{X_0}\right)$$

は，$X_0,X_1,\ldots,X_n$ に関して，どの単項式の総次数も d となる多項式である．

このような多項式を，単に**次数**が d の**斉次多項式**という．$F(X_0, X_1, \ldots, X_n)$ は $f(x_1, \ldots, f_n)$ の**斉次化**であるという．$f(x_1, \ldots, x_n)$ をアフィン空間 $\mathbb{A}^n$ 上の関数と見ることができる．斉次多項式 $F(X_0, X_1, \ldots, X_n)$ が与えられると，$F\left(1, \frac{X_1}{X_0}, \ldots, \frac{X_n}{X_0}\right)$ は非斉次座標 $\left(\frac{X_1}{X_0}, \ldots, \frac{X_n}{X_0}\right)$ をもつアフィン空間 U_0 上の関数である．同様に，$F\left(\frac{X_0}{X_1}, 1, \frac{X_2}{X_1}, \ldots, \frac{X_n}{X_1}\right)$ は非斉次座標 $\left(\frac{X_0}{X_1}, \frac{X_2}{X_1}, \ldots, \frac{X_n}{X_1}\right)$ をもつアフィン空間 U_1 上の関数である．一般に，$0 \leq i \leq n$ に対して，$F\left(\frac{X_0}{X_i}, \ldots, \frac{X_{i-1}}{X_i}, 1, \frac{X_{i+1}}{X_i}, \ldots, \frac{X_n}{X_i}\right)$ は U_i 上の関数になっている．この関数を f_i と書くことにすると，$i \neq j$ ならば，

$$
\begin{aligned}
f_j &= F\left(\frac{X_0}{X_j}, \ldots, \frac{X_{j-1}}{X_j}, 1, \frac{X_{j+1}}{X_j}, \ldots, \frac{X_n}{X_j}\right) \\
&= \left(\frac{X_i}{X_j}\right)^d F\left(\frac{X_0}{X_i}, \ldots, \frac{X_{i-1}}{X_i}, 1, \frac{X_{i+1}}{X_i}, \ldots, \frac{X_n}{X_i}\right) \\
&= \left(\frac{X_i}{X_j}\right)^d f_i
\end{aligned}
$$

という関係式が成立する．$U_{ij} = U_i \cap U_j$ の点 P を斉次座標で $(\alpha_0, \alpha_1, \ldots, \alpha_n)$ と表すと，$\alpha_i \alpha_j \neq 0$ である．よって，

$$
f_j(P) = f_j\left(\frac{\alpha_0}{\alpha_j}, \ldots, \frac{\alpha_n}{\alpha_j}\right) = \left(\frac{\alpha_i}{\alpha_j}\right)^d f_i\left(\frac{\alpha_0}{\alpha_i}, \ldots, \frac{\alpha_n}{\alpha_i}\right) = \left(\frac{\alpha_i}{\alpha_j}\right)^d f_i(P)
$$

となって，$f_i(P) = 0 \iff f_j(P) = 0$ となることがわかる．

n 次元射影空間を $\mathbb{P}^n = U_0 \cup H_0$ と表して，$(x_1, x_2, \ldots, x_n)$ を U_0 の非斉次座標とする．U_0 は n 次元アフィン空間であるが，その**アフィン変換**は次のような変換である．

$$
\begin{aligned}
y_1 &= a_{11}x_1 + \cdots + a_{1n}x_n + c_1 \\
y_2 &= a_{21}x_1 + \cdots + a_{2n}x_n + c_2 \\
&\cdots \quad \cdots \quad \cdots \\
y_n &= a_{n1}x_1 + \cdots + a_{nn}x_n + c_n
\end{aligned}
$$

ただし，$A = (a_{ij})$ は体 k に成分をもつ正則行列であり，$c_1, \ldots, c_n \in k$ である．これを次のように行列表示することもできる．

$$\begin{pmatrix} 1 \\ y_1 \\ y_2 \\ \vdots \\ y_n \end{pmatrix} = \begin{pmatrix} 1 & 0 & 0 & \cdots & 0 \\ c_1 & a_{11} & a_{12} & \cdots & a_{1n} \\ c_2 & a_{21} & a_{22} & \cdots & a_{2n} \\ & \cdots & & \cdots & \\ c_n & a_{n1} & a_{n2} & \cdots & a_{nn} \end{pmatrix} \begin{pmatrix} 1 \\ x_1 \\ x_2 \\ \vdots \\ x_n \end{pmatrix}$$

この行列を

$$\widetilde{A} = \begin{pmatrix} 1 & \vec{0} \\ {}^t\vec{c} & A \end{pmatrix}$$

と表す．ただし，$\vec{0} = (0, 0, \ldots, 0)$, ${}^t\vec{c} = {}^t(c_1, c_2, \ldots, c_n)$ である．別のアフィン変換を

$$z_1 = b_{11}y_1 + \cdots + b_{1n}y_n + d_1$$
$$z_2 = b_{21}y_1 + \cdots + b_{2n}y_n + d_2$$
$$\cdots \quad \cdots \quad \cdots$$
$$z_n = b_{n1}y_1 + \cdots + b_{nn}y_n + d_n$$

で与えると，2つのアフィン変換の合成

$${}^t(1, x_1, \ldots, x_n) \mapsto {}^t(1, y_1, \ldots, y_n) \mapsto {}^t(1, z_1, \ldots, z_n)$$

に対応する行列は

$$\begin{pmatrix} 1 & \vec{0} \\ {}^t\vec{d} + B{}^t\vec{c} & BA \end{pmatrix}$$

である．よって，2つのアフィン変換の合成はアフィン変換である．実際，n 次元アフィン空間 $\mathbb{A}^n$ のアフィン変換全体のなす集合を $\mathrm{Aff}(n, k)$ と書くと，$\mathrm{Aff}(n, k)$ は上のアフィン変換の合成を積として群をなすことがわかる．

次に，n 次元射影空間 $\mathbb{P}^n$ の斉次座標を $(X_0, X_1, \ldots, X_n)$ とするとき，$n+1$ 次の正則な正方行列 $A = (a_{ij})$ を使って定義される座標変換

$$Y_0 = a_{00}X_0 + a_{01}X_1 + \cdots + a_{0n}X_n$$
$$Y_1 = a_{10}X_0 + a_{11}X_1 + \cdots + a_{1n}X_n$$

$$\cdots \quad \cdots \quad \cdots$$

$$Y_n = a_{n0}X_0 + a_{n1}X_1 + \cdots + a_{nn}X_n$$

を n 次の**射影変換**という．斉次座標については $(X_0, X_1, \ldots, X_n)$ と $c \in k^*$ による定数倍 $(cX_0, cX_1, \ldots, cX_n)$ を同一視するから，$n+1$ 次の行列 $A = (a_{ij})$ と (ca_{ij}) は同じ射影変換を与える．$n+1$ 次の行列 $B = (b_{ij})$ によって射影変換

$$Z_0 = b_{00}Y_0 + b_{01}Y_1 + \cdots + b_{0n}Y_n$$
$$Z_1 = b_{10}Y_0 + b_{11}Y_1 + \cdots + b_{1n}Y_n$$
$$\cdots \quad \cdots \quad \cdots$$
$$Z_n = b_{n0}Y_0 + b_{n1}Y_1 + \cdots + b_{nn}Y_n$$

を与えると，合成

$$(X_0, X_1, \ldots, X_n) \mapsto (Y_0, Y_1, \ldots, Y_n) \mapsto (Z_0, Z_1, \ldots, Z_n)$$

は行列 BA で定まる射影変換になる．$\mathrm{GL}(n+1, k)$ を $n+1$ 次の一般線形群とすると，行列 A で定まる射影変換は $\mathrm{GL}(n+1, k)$ の部分群 G_m による剰余類 $\{cA = (ca_{ij}) \mid c \in k^*\} = AG_m$ と1対1に対応している．ただし，k の乗法群 k^* を G_m と表している．G_m は $c \mapsto cE_{n+1}$ という対応で $\mathrm{GL}(n+1, k)$ の中心と同一視されている．ここで，E_{n+1} は単位行列である．剰余群 $\mathrm{GL}(n+1, k)/G_m$ を $\mathrm{PGL}(n+1, k)$ と書いて n 次**射影変換群**という．

アフィン変換を表す行列 $\widetilde{A}$ は $\mathrm{GL}(n+1, k)$ の元でもある．したがって，$\mathrm{Aff}(n, k)$ は $\mathrm{GL}(n+1, k)$ の部分群で $G_m \cap \mathrm{Aff}(n, k) = \{E_{n+1}\}$ となる．すなわち，$\mathrm{Aff}(n, k)$ は $\mathrm{GL}(n+1, k)/G_m = \mathrm{PGL}(n+1, k)$ の部分群と見なせる．実際，アフィン変換 $\widetilde{A} = \begin{pmatrix} 1 & \vec{0} \\ {}^t\vec{c} & A \end{pmatrix}$ によって斉次座標 X_0 は Y_0 に移る．よって，$\widetilde{A}$ はアフィン空間 U_0 の変換を誘導する．

3.2 射影平面代数曲線

埋め込み $\mathbb{A}^2 = U_0 \hookrightarrow \mathbb{P}^2$ によって，アフィン平面代数曲線 $C : f(x,y) = 0$ を $\mathbb{P}^2$ に埋め込み，その延長を考えてみよう．U_0 の非斉次座標

$$x = x_1 = \frac{X_1}{X_0}, \quad y = x_2 = \frac{X_2}{X_0}$$

を $\mathbb{A}^2$ の座標と考える．アフィン平面曲線 C を $C_0 = \{f(x,y) = 0\}$ と表す．$d = \deg_{x,y} f(x,y)$ を総次数とする．総次数を単に $\deg f$ と書く．

$$F(X_0, X_1, X_2) = X_0^d f\left(\frac{X_1}{X_0}, \frac{X_2}{X_0}\right)$$

を $f(x,y)$ の斉次化とする．$F(X_0, X_1, X_2)$ は斉次座標 X_0, X_1, X_2 に関する d 次の斉次多項式である．$\mathbb{P}^2 = U_0 \cup U_1 \cup U_2$ だから，U_1 と U_2 上のアフィン代数曲線 $C_1 = \left\{\frac{F}{X_1^d} = 0\right\}$，$C_2 = \left\{\frac{F}{X_2^d} = 0\right\}$ が考えられる．ただし，

$$\frac{F}{X_1^d} := f_1\left(\frac{X_0}{X_1}, \frac{X_2}{X_1}\right)$$

は U_1 の座標 $\frac{X_0}{X_1}, \frac{X_2}{X_1}$ に関する高々 d 次の多項式である．同様に，

$$\frac{F}{X_2^d} := f_2\left(\frac{X_0}{X_2}, \frac{X_1}{X_2}\right)$$

は U_2 の座標 $\frac{X_0}{X_2}, \frac{X_1}{X_2}$ に関する高々 d 次の多項式である．これら3つの曲線 C_0, C_1, C_2 は $U_0 \cap U_1, U_1 \cap U_2, U_2 \cap U_0$ における座標の変換でつながっている．例えば，$U_0 \cap U_1$ 上では，

$$f_1\left(\frac{X_0}{X_1}, \frac{X_2}{X_1}\right) = \left(\frac{X_0}{X_1}\right)^d f\left(\frac{X_1}{X_0}, \frac{X_2}{X_0}\right)$$

だから，C_0 の点 $P(\alpha, \beta)$ は C_1 の点

$$\left(\frac{X_0}{X_1}, \frac{X_2}{X_1}\right) = \left(\frac{1}{\alpha}, \frac{\beta}{\alpha}\right)$$

に対応している．このとき，$C = C_0 \cup C_1 \cup C_2$ をアフィン平面代数曲線 C_0 の**射影的閉包**という．これを次の例で確かめよう．

■ **例 3.2.1**　$f(x,y) = y^2 - x^3 - 1$ とすると，

$$F = X_0^3 \left\{ \left(\frac{X_2}{X_0}\right)^2 - \left(\frac{X_1}{X_0}\right)^3 - 1 \right\} = X_0X_2^2 - X_1^3 - X_0^3$$

である．よって，

$$f_1 = \frac{F}{X_1^3} = \left(\frac{X_0}{X_1}\right)\left(\frac{X_2}{X_1}\right)^2 - 1 - \left(\frac{X_0}{X_1}\right)^3$$
$$f_2 = \frac{F}{X_2^3} = \left(\frac{X_0}{X_2}\right) - \left(\frac{X_1}{X_2}\right)^3 - \left(\frac{X_0}{X_2}\right)^3$$

ここで，U_1 の座標を $u = \frac{X_0}{X_1}, v = \frac{X_2}{X_1}$ とおくと，$U_{01} = U_0 \cap U_1$ 上で座標変換は $u = \dfrac{1}{x}, v = \dfrac{y}{x}$ で与えられる．U_1 上の曲線 C_1 は

$$f_1(u,v) = uv^2 - 1 - u^3 = \frac{1}{x}\left(\frac{y}{x}\right)^2 - 1 - \left(\frac{1}{x}\right)^3$$
$$= \frac{1}{x^3}(y^2 - x^3 - 1) = \frac{1}{x^3}f(x,y)$$

と表せる．U_{01} は U_0 上で考えると $U_{01} = \{(x,y) \in U_0 \mid x \neq 0\}$ であり，U_1 上で考えると，$U_{01} = \{(u,v) \in U_1 \mid u \neq 0\}$ である．したがって，$C_0 \cap U_{01} = C_1 \cap U_{01}$ となっている．同様にして，$C_0 \cap U_{02} = C_2 \cap U_{02}, C_1 \cap U_{12} = C_2 \cap U_{12}$ が成立する．よって，

$$C = C_0 \cup C_1 \cup C_2 = \{(\alpha_0, \alpha_1, \alpha_2) \mid F(\alpha_0, \alpha_1, \alpha_2) = 0\}$$

と考えられる．実際には，$X_0 = 0$ とおくと，$F(X_0, X_1, X_2) = 0$ から $X_1 = 0$ となるので，C は C_0 に点 $(0,0,1)$ の 1 点を加えて作られる．

曲線 $C_0 = V(f)$ については，$\frac{\partial f}{\partial x} = -3x^2, \frac{\partial f}{\partial y} = 2y$ だから，$\frac{\partial f}{\partial x} = \frac{\partial f}{\partial y} = 0$ となるのは，原点 $(x,y) = (0,0)$ だけであるが，原点は C_0 の点ではないから，C_0 は非特異曲線である．C の点 $(0,0,1)$ を考えるために，$s = \frac{X_0}{X_2}, t = \frac{X_1}{X_2}$ とおけば，C_2 は $f_2 = s - t^3 - s^3 = 0$ で定義されている．このとき，$\frac{\partial f_2}{\partial s} = 1 - 3s^2, \frac{\partial f_2}{\partial t} = -3t^2$ だから，$\frac{\partial f_2}{\partial s} = \frac{\partial f_2}{\partial t} = 0$ となるのは，$t = 0, s^2 = \frac{1}{3}$ となる点である．C の点 $(0,0,1)$ は (s,t) 座標で原点 $(0,0)$ であるから，$t = 0, s^2 = \frac{1}{3}$ を満たしていない．したがって，C のどの点も非特異点である．このようなとき，C は非特異曲線である．

問題 3.2.2　$f = y - x^3 = 0$ で定義されるアフィン平面代数曲線の射影的閉包 $C = \{(X_0, X_1, X_2) \mid F(X_0, X_1, X_2) := X_0^2 X_2 - X_1^3 = 0\}$ を考えて，その特異点の有無を調べよ．

$\mathbb{P}^2$ の斉次座標 X_0, X_1, X_2 に関する d 次の斉次多項式が与えられたとき，

$$C = \{(\alpha_0, \alpha_1, \alpha_2) \in \mathbb{P}^2 \mid F(\alpha_0, \alpha_1, \alpha_2) = 0\}$$

を d 次の**射影平面代数曲線**という．$C = V^+(F)$ または $C = \{(X_0, X_1, X_2) \in \mathbb{P}^2 \mid F(X_0, X_1, X_2) = 0\}$ などと書く．$X_0 \nmid F$ ならば，$f = F/X_0^d$ に対して，$F(X_0, X_1, X_2) = X_0^d f(x, y)$ となる．ただし，$x = \frac{X_1}{X_0}, y = \frac{X_2}{X_0}$ である．このことから，F が $k[X_0, X_1, X_2]$ の既約元であることと，f が $k[x, y]$ の既約元であることは同値である (補題 3.2.8 を参照)．$C = C_0 \cup C_1 \cup C_2$ と表すとき，C の点 P が特異点であるのは，P が属する C_0, C_1 または C_2 の点として特異点であると定義する．次の結果は**特異点のジャコビ判定法**と呼ばれる．

【定理 3.2.3】　$d = \deg F, C = V^+(F)$ とする．P が C の特異点であるための必要十分条件は

$$\frac{\partial F}{\partial X_0}(P) = \frac{\partial F}{\partial X_1}(P) = \frac{\partial F}{\partial X_2}(P) = 0$$

となることである．

証明　$f(x, y) = F\left(1, \frac{X_1}{X_0}, \frac{X_2}{X_0}\right)$ について，φ_i を x, y に関する i 次の斉次多項式として，$f = \varphi_0 + \varphi_1 + \cdots + \varphi_d$ と表すと，

$$\begin{aligned}&F(X_0, X_1, X_2)\\&= X_0^d \varphi_0\left(\frac{X_1}{X_0}, \frac{X_2}{X_0}\right) + X_0^d \varphi_1\left(\frac{X_1}{X_0}, \frac{X_2}{X_0}\right) + \cdots + X_0^d \varphi_d\left(\frac{X_1}{X_0}, \frac{X_2}{X_0}\right)\end{aligned}$$

となるが，

$$X_0^d \varphi_i\left(\frac{X_1}{X_0}, \frac{X_2}{X_0}\right) = \sum_{j+\ell=i} a_{j\ell} X_0^{d-i} X_1^j X_2^\ell$$

と表せる．ここで，

$$\frac{\partial}{\partial X_1}\left(X_0^{d-i} X_1^j X_2^\ell\right) = X_0^{d-i} \cdot j X_1^{j-1} X_2^\ell$$

$$= X_0^{d-1} \cdot j \left(\frac{X_1}{X_0}\right)^{j-1} \left(\frac{X_2}{X_0}\right)^{\ell} = X_0^{d-1} \frac{\partial}{\partial x}(x^j y^\ell)$$

となる．同様にして，

$$\frac{\partial}{\partial X_2}\left(X_0^{d-i} X_1^j X_2^\ell\right) = X_0^{d-1} \frac{\partial}{\partial y}(x^j y^\ell)$$

となる．これらを使うと，

$$\frac{\partial F}{\partial X_1} = X_0^{d-1} \frac{\partial f}{\partial x}\left(\frac{X_1}{X_0}, \frac{X_2}{X_0}\right), \quad \frac{\partial F}{\partial X_2} = X_0^{d-1} \frac{\partial f}{\partial y}\left(\frac{X_1}{X_0}, \frac{X_2}{X_0}\right) \tag{3.1}$$

となることがわかる．同様にして，$u = \frac{X_0}{X_1}, v = \frac{X_2}{X_1}$ とおいて，$f_1(u,v) = \frac{F}{X_1^d}$ とおけば，

$$\frac{\partial F}{\partial X_0} = X_1^{d-1} \frac{\partial f_1}{\partial u}\left(\frac{X_0}{X_1}, \frac{X_2}{X_1}\right), \quad \frac{\partial F}{\partial X_2} = X_1^{d-1} \frac{\partial f_1}{\partial v}\left(\frac{X_0}{X_1}, \frac{X_2}{X_1}\right)$$

となる．さらに，$z = \frac{X_0}{X_2}, w = \frac{X_1}{X_2}$，$f_2(z,w) = \frac{F}{X_2^d}$ とおけば，

$$\frac{\partial F}{\partial X_0} = X_2^{d-1} \frac{\partial f_2}{\partial z}\left(\frac{X_0}{X_2}, \frac{X_1}{X_2}\right), \quad \frac{\partial F}{\partial X_1} = X_2^{d-1} \frac{\partial f_2}{\partial w}\left(\frac{X_0}{X_2}, \frac{X_1}{X_2}\right)$$

となる．また，次の**オイラーの等式**が成立する．

$$X_0 \frac{\partial F}{\partial X_0} + X_1 \frac{\partial F}{\partial X_1} + X_2 \frac{\partial F}{\partial X_2} = dF. \tag{3.2}$$

C の点 $P(\alpha_0, \alpha_1, \alpha_2)$ が C_0 に属して，その特異点ならば，(3.1) より

$$\frac{\partial F}{\partial X_1}(P) = \alpha_0^{d-1} \frac{\partial f}{\partial x}\left(\frac{\alpha_1}{\alpha_0}, \frac{\alpha_2}{\alpha_1}\right) = \alpha_0^{d-1} \frac{\partial f}{\partial x}(P) = 0$$
$$\frac{\partial F}{\partial X_2}(P) = \alpha_0^{d-1} \frac{\partial f}{\partial y}\left(\frac{\alpha_1}{\alpha_0}, \frac{\alpha_2}{\alpha_1}\right) = \alpha_0^{d-1} \frac{\partial f}{\partial y}(P) = 0 \ .$$

$F(P) = 0$ となることに注意すると，オイラーの等式 (3.2) により，$\alpha_0 \frac{\partial F}{\partial X_0}(\alpha_0, \alpha_1, \alpha_2) = \alpha_0 \frac{\partial F}{\partial X_0}(P) = 0$. 仮定により $\alpha_0 \neq 0$ だから，$\frac{\partial F}{\partial X_0}(P) = 0$.

逆に，$\frac{\partial F}{\partial X_0}(P) = \frac{\partial F}{\partial X_1}(P) = \frac{\partial F}{\partial X_2}(P) = 0$ ならば，上の等式 (3.1) によって，$\frac{\partial f}{\partial x}(P) = \frac{\partial f}{\partial y}(P) = 0$ となることもわかる．$P \in C_1$ または $P \in C_2$ となるときも同様にして証明できる． □

問題 3.2.4　上記のオイラーの等式

$$X_0\frac{\partial F}{\partial X_0}+X_1\frac{\partial F}{\partial X_1}+X_2\frac{\partial F}{\partial X_2}=dF$$

が成立することを示せ.

■ **例 3.2.5**　例 3.2.1 で取り扱ったことがらは定理 3.2.3 を使うと簡単にわかる．$F=X_0X_2^2-X_1^3-X_0^3$ に対して

$$\frac{\partial F}{\partial X_0}=X_2^2-3X_0^2,\quad \frac{\partial F}{\partial X_1}=-3X_1^2,\quad \frac{\partial F}{\partial X_2}=2X_0X_2\ .$$

よって, $\frac{\partial F}{\partial X_0}=\frac{\partial F}{\partial X_1}=\frac{\partial F}{\partial X_2}=0$ となるのは, $X_1=0,\ X_0X_2=0,\ X_2^2-3X_0^2=0$ となるときである．$X_2=0$ ならば $X_0=0$ となり，$X_0=0$ ならば $X_2=0$ が従う．ここで，$(0,0,0)$ は除外されているから，$C=V^+(F)$ は非特異曲線である.

■ **例 3.2.6**　h を $k[X_0,X_1,X_2]$ の斉 1 次多項式として,

$$h=a_0X_0+a_1X_1+a_2X_2,\quad (a_0,a_1,a_2)\neq(0,0,0)$$

と表す．$V^+(h)$ は射影直線と見なせる．例えば，$a_2\neq 0$ とすると，$h=0$ から,

$$X_2=-\frac{a_0}{a_2}X_0-\frac{a_1}{a_2}X_1$$

が導かれる．そこで，射影直線 $\mathbb{P}^1$ の斉次座標を (T_0,T_1) として

$$(T_0,T_1)\mapsto\left(T_0,T_1,-\frac{a_0}{a_2}T_0-\frac{a_1}{a_2}T_1\right)$$

と対応付ければ，$\mathbb{P}^1$ と $V^+(h)$ の間に全単射が存在する．一般に，$V^+(h)$ を $\mathbb{P}^2$ 上の**直線**という．別の斉 1 次多項式

$$h'=a_0'X_0+a_1'X_1'+a_2'X_2$$

について，$V^+(h)=V^+(h')$ となる必要十分条件は

$$(a_0',a_1',a_2')=(\lambda a,\lambda a_1,\lambda a_2),\quad \lambda\in k^*$$

となることである．実際，$a_2 a_2' \neq 0$ とすると，

$$X_2 = -\left(\frac{a_0}{a_2}X_0 + \frac{a_1}{a_2}X_1\right) = -\left(\frac{a_0'}{a_2'}X_0 + \frac{a_1'}{a_2'}X_1\right) .$$

X_0, X_1 を独立変数と見て係数を比較すると，

$$\frac{a_0}{a_2} = \frac{a_0'}{a_2'}, \quad \frac{a_1}{a_2} = \frac{a_1'}{a_2'} .$$

よって，$\dfrac{a_0}{a_0'} = \dfrac{a_1}{a_1'} = \dfrac{a_2}{a_2'}$ となる．したがって，$\mathbb{P}^2$ 上の直線の集合と (a_0, a_1, a_2) を斉次座標とする射影平面の間に全単射が存在する．この射影平面を $\check{\mathbb{P}}^2$ と書いて $\mathbb{P}^2$ の**双対射影平面**という．

2次の斉次多項式 q によって定義される曲線 $V^+(q)$ を**二次曲線**という．

【定理 3.2.7】　q を $k[X_0, X_1, X_2]$ の斉2次多項式とし，$Q = V^+(q)$ とおく．q を

$$\begin{aligned} q &= a_{00}X_0^2 + 2a_{01}X_0X_1 + 2a_{02}X_0X_2 + a_{11}X_1^2 + 2a_{12}X_1X_2 + a_{22}X_2^2 \\ &= (X_0, X_1, X_2)A \begin{pmatrix} X_0 \\ X_1 \\ X_2 \end{pmatrix}, \quad A = \begin{pmatrix} a_{00} & a_{01} & a_{02} \\ a_{01} & a_{11} & a_{12} \\ a_{02} & a_{12} & a_{22} \end{pmatrix} \end{aligned}$$

と表す．A は対称行列である．このとき，次のことがらが成立する．

(1) Q が特異点をもつ必要十分条件は行列式 $|A| = 0$ である．A の階数が2ならば，その特異点は

$$\left(\begin{vmatrix} a_{01} & a_{02} \\ a_{11} & a_{12} \end{vmatrix}, \begin{vmatrix} a_{02} & a_{00} \\ a_{12} & a_{01} \end{vmatrix}, \begin{vmatrix} a_{00} & a_{01} \\ a_{01} & a_{11} \end{vmatrix} \right) \tag{3.3}$$

と表される．

(2) Q が特異点をもてば，Q は特異点を通る2本の直線の和である．

証明　(1) q の X_0, X_1, X_2 に関する偏微分は次のように計算される．

$$\frac{\partial q}{\partial X_0} = 2(a_{00}X_0 + a_{01}X_1 + a_{02}X_2)$$

$$\frac{\partial q}{\partial X_1} = 2(a_{01}X_0 + a_{11}X_1 + a_{12}X_2)$$
$$\frac{\partial q}{\partial X_2} = 2(a_{02}X_0 + a_{12}X_1 + a_{22}X_2)$$

したがって，$\frac{\partial q}{\partial X_0} = \frac{\partial q}{\partial X_1} = \frac{\partial q}{\partial X_2} = 0$ が非自明な解をもつ必要十分条件は $|A| = 0$ である．また，$|A|$ の第3行に関する展開を考えると，(3.3) が $\frac{\partial q}{\partial X_2} = 0$ の解になっていることがわかる．同時に，(3.3) が $\frac{\partial q}{\partial X_0} = \frac{\partial q}{\partial X_1} = 0$ の解になっていることは明らかである．

(2) A は対称行列であるから，3次正則行列で A を対角化するものがある．それを M とすると，

$$MA\,{}^tM = \begin{pmatrix} b_0 & 0 & 0 \\ 0 & b_1 & 0 \\ 0 & 0 & b_2 \end{pmatrix}.$$

ここで，$(X_0, X_1, X_2) = (X_0', X_1', X_2')M$ とおいて変数変換をすれば，

$$q = (X_0', X_1', X_2')(MA^tM)\begin{pmatrix} X_0' \\ X_1' \\ X_2' \end{pmatrix} = b_0{X_0'}^2 + b_1{X_1'}^2 + b_2{X_2'}^2$$

となる．ここで，$|A| = 0$ だから，$b_0b_1b_2 = 0$ である．たとえば，$b_2 = 0$ とすると，

$$q = b_0{X_0'}^2 + b_1{X_1'}^2 = (\sqrt{b_0}X_0' + i\sqrt{b_1}X_1') \cdot (\sqrt{b_0}X_0' - i\sqrt{b_1}X_1').$$

したがって，2次曲線 Q は2直線

$$\sqrt{b_0}X_0' \pm i\sqrt{b_1}X_1' = 0$$

に分解する．このとき，$(X_0', X_1', X_2') = (0, 0, 1)$ は Q の特異点である． □

次の結果に注意しておく．

【補題 3.2.8】 $F(X_0, X_1, X_2)$ を次数 d の斉次多項式とし，$C = V^+(F)$ とおく．このとき，F が $k[X_0, X_1, X_2]$ の既約元であるための必要十分条件は $C_i = C \cap U_i$ $(i = 0, 1, 2)$ が既約アフィン平面代数曲線となることである．

証明　斉次多項式 $F(X_0, X_1, X_2)$ が多項式環 $k[X_0, X_1, X_2]$ の中で，$F = GH$ と2つの定数でない多項式の積に分解すれば，G と H は斉次多項式である．まず，$F(X_0, X_1, X_2) = X_0^e G(X_0, X_1, X_2)$ と表す．ただし，$e \geq 0$，$G(X_0, X_1, X_2) \in k[X_0, X_1, X_2]$，$X_0 \nmid G$ である．$e > 0$ ならば，$u = \frac{X_0}{X_1}, v = \frac{X_2}{X_1}$ として，$\frac{F}{X_1^d} = u^e G(u, 1, v)$ となる．$C_1 = C \cap U_1$ は u, v を座標とするアフィン平面 U_1 において，定義方程式 $u^e g(u, 1, v) = 0$ で定義されるから，C_1 は既約曲線ではない．$e = 0$ ならば，$f(x, y) = F(1, x, y)$ とおくと $F(X_0, X_1, X_2) = X_0^d f\left(\frac{X_1}{X_0}, \frac{X_2}{X_0}\right)$ だから，F が既約であることと，$f(x, y)$ が既約であることは同値である．すなわち，F が既約であることと，$C_0 = C \cap U_0$ が既約曲線であることは同値である．証明は以上の考察から従う．□

補題3.2.8の条件を満たすとき，射影平面代数曲線 $C = V^+(F)$ は**既約**であるという．

3.3　非特異射影平面代数曲線の局所環

$F(X_0, X_1, X_2)$ を次数 d の既約斉次多項式とし，$C = V^+(F)$ とおく．前節の記号を使って，$f(x, y) = F(1, x, y)$ とすると，$f(x, y)$ は多項式環 $k[x, y]$ の既約元である．$R = k[x, y]/(f)$ を $C_0 = C \cap U_0$ の座標環とする．R は剰余類 $\overline{x} = x + (f)$，$\overline{y} = y + (f)$ によって k 上生成されている．また，$f_1(u, v) = F(u, 1, v)$ として，$C_1 = C \cap U_1$ の座標環は $R_1 = k[u, v]/(f_1) = k[\overline{u}, \overline{v}]$ である．ただし，$\overline{u} = u + (f_1)$，$\overline{v} = v + (f_1)$ とおいている．ここで，

$$f_1\left(\frac{X_0}{X_1}, \frac{X_2}{X_1}\right) = \left(\frac{X_0}{X_1}\right)^d f\left(\frac{X_1}{X_0}, \frac{X_2}{X_0}\right)$$

だから，$f_1(u, v) = u^d f(x, y)$ が成立する．したがって，商環 $R[\overline{x}^{-1}] = R_1[\overline{u}^{-1}]$ となる．ここで，$\overline{u} = \overline{x}^{-1}$，$\overline{v} = \overline{yx}^{-1}$ となっている．したがって，R と R_1 の商体は一致する．同様にして，$C_2 = C \cap U_2$ の座標環 $R_2 = k[\overline{z}, \overline{w}]$ の商体は R の商体と一致する．ただし，$z = \frac{X_0}{X_2}$，$w = \frac{X_1}{X_2}$，$\overline{z} = z + (f_2)$，$\overline{w} = w + (f_2)$，$f_2(z, w) = F(z, w, 1)$ である．この商体を $k(C)$ と書いて，C の体

k 上の**関数体**という．$k(C)$ の元 ξ は $\xi = \dfrac{g(\overline{x}, \overline{y})}{h(\overline{x}, \overline{y})}$，$g(x,y), h(x,y) \in k[x,y]$ と表せる．ここで，$g(\overline{x}, \overline{y}) = g(x,y) + (f)$，$h(\overline{x}, \overline{y}) = h(x,y) + (f)$ である．すると，斉次多項式 $G(X_0, X_1, X_2)$，$H(X_0, X_1, X_2)$ が存在して，$g(x,y) = G(1,x,y)$，$h(x,y) = H(1,x,y)$ と書けるが，G または H に X_0 のべきをかけて $\deg G = \deg H$ と仮定してもよい．$\xi = \dfrac{G_1(1, \overline{x}, \overline{y})}{H_1(1, \overline{x}, \overline{y})}$ と別の表し方ができるのは，$GH_1 - G_1H \in (F)$ となる場合である．ここで，(F) は $k[X_0, X_1, X_2]$ の F で生成される単項イデアルである．

曲線 C の点 P は C_0, C_1 または C_2 のどれかの点である．$P \in C_0$ と仮定すると，2.3 節のようにして C_0 の局所環 $\mathcal{O}_P$ が定まる．P の座標を $(\alpha_0, \alpha_1, \alpha_2)$ として，$\alpha_0\alpha_1 \neq 0$ と仮定しよう．すると，U_0 の (x,y)-座標に関して局所環 $\mathcal{O}_P$ は

$$\mathcal{O}_P = k[\overline{x}, \overline{y}]_{\left(\overline{x} - \frac{\alpha_1}{\alpha_0}, \overline{y} - \frac{\alpha_2}{\alpha_1}\right)} \tag{3.4}$$

と表される．P を $C_1 = C \cap U_1$ の点と見ると，U_1 の (u,v) 座標によって，

$$\mathcal{O}_P = k[\overline{u}, \overline{v}]_{\left(\overline{u} - \frac{\alpha_0}{\alpha_1}, \overline{v} - \frac{\alpha_2}{\alpha_1}\right)} \tag{3.5}$$

と表される．ここで，

$$\begin{aligned} \overline{u} - \frac{\alpha_0}{\alpha_1} &= -\frac{\alpha_0}{\alpha_1} \cdot \frac{1}{\overline{x}} \left(\overline{x} - \frac{\alpha_1}{\alpha_0} \right) \\ \overline{v} - \frac{\alpha_2}{\alpha_1} &= \frac{1}{\overline{x}} \left(\overline{y} - \frac{\alpha_2}{\alpha_0} \right) - \frac{\alpha_2}{\alpha_1} \cdot \frac{1}{\overline{x}} \left(\overline{x} - \frac{\alpha_1}{\alpha_0} \right) \end{aligned}$$

と書けることに注意すると，(3.5) の表示で $\overline{u}, \overline{v}$ の（点 P における）正則関数として表した $\mathcal{O}_P$ の元は $\overline{x}, \overline{y}$ に関する有理関数として表される (3.4) における $\mathcal{O}_P$ の元であることがわかる．この逆も同様に成立するから，局所環 $\mathcal{O}_P$ は (3.4) の形でも，(3.5) の形でも表されることがわかる．すなわち，点 P が属する U_0, U_1, U_2 のどの座標を使ってもよい．この局所環 $\mathcal{O}_P$ を曲線 C の点 P における**局所環**という．2つ以上の曲線を考えて点 P が C の点であることを明示する必要があるときは，$\mathcal{O}_{C,P}$ と表す．以下，関数体 $k(C)$ の離散付値環 $(\mathcal{O}, \mathfrak{m})$ を考えるが，$\mathcal{O}$ は体 k を部分体として含み，$\mathcal{O}/\mathfrak{m} = k$ となっているも

のを考える．代数的閉体 k 上の 1 変数関数体 $k(C)$ の離散付値環 $(\mathcal{O}, \mathfrak{m})$ については，$k \subset \mathcal{O}$ ならば $\mathcal{O}/\mathfrak{m} = k$ がいつも成立している．

【定理 3.3.1】 既約な射影平面代数曲線 $C = V^+(F)$ は非特異であると仮定すると，次のことがらが成立する．

(1) $(\mathcal{O}, \mathfrak{m})$ を関数体 $K = k(C)$ の離散付値環とすると，C の点 P が定まって，$\mathcal{O} = \mathcal{O}_P$ となる．このような点 P はただ一通りに定まる．

(2) K の離散付値環 $\mathcal{O}$ に点 P を対応させる写像は，集合$\{(\mathcal{O}, \mathfrak{m}) \mid K$ の離散付値環$\}$と C の間の全単射を与える．

証明　(1)　$v : K \to \mathbb{Z} \cup (\infty)$ を $\mathcal{O}$ に付随する正規付値とする．$v(\overline{x})$ と $v(\overline{y})$ を比べて $v(\overline{x}) \leq v(\overline{y})$ と仮定する．$v(\overline{y}) < v(\overline{x})$ の場合も同様に扱える．

$v(\overline{x}) \geq 0$ とすると $\overline{x} \in \mathcal{O}$, $\overline{y} \in \mathcal{O}$ だから，$\mathcal{O} \supseteq k[\overline{x}, \overline{y}]$ となる．さらに，$\mathcal{O}/\mathfrak{m} = k$ だから，k の元 α, β が存在して，$\overline{x} - \alpha \in \mathfrak{m}$, $\overline{y} - \beta \in \mathfrak{m}$ となる．$C_0 = C \cap U_0$ の定義方程式 $f(x, y) = 0$ に対して，$f(\alpha, \beta) = 0$ となるから，(α, β) は C_0 の点である．$k[\overline{x}, \overline{y}]$ の任意の元 $a(\overline{x}, \overline{y})$ について，$a(\alpha, \beta) \neq 0$ ならば $a(\overline{x}, \overline{y})$ を $\overline{x} - \alpha$ と $\overline{y} - \beta$ に関してテーラー展開して $a(\overline{x}, \overline{y}) - a(\alpha, \beta) \in \mathfrak{m}$ となることがわかる．よって，$a(\overline{x}, \overline{y})$ は $\mathcal{O}$ の単元である．$a(\alpha, \beta) = 0$ ならば，$a(\overline{x}, \overline{y}) \in \mathfrak{m}$ となっている．そこで，$\mathfrak{p} = \mathfrak{m} \cap k[\overline{x}, \overline{y}]$ とすると，$\mathfrak{p}$ は $k[\overline{x}, \overline{y}]$ の極大イデアル $(\overline{x} - \alpha, \overline{y} - \beta)$ である．点 $(1, \alpha, \beta)$ を P とおくと，P は C の点である．仮定により C は点 P で非特異だから，補題 2.3.8 によって局所環 $\mathcal{O}_P$ は離散付値環である．上の考察から，$\mathcal{O} \supseteq \mathcal{O}_P$ であり，$\mathfrak{m} \supseteq \mathfrak{m}_P$ である．このとき，$\mathcal{O} \geq \mathcal{O}_P$ と書いて，$\mathcal{O}$ は $\mathcal{O}_P$ を**支配する**という．すると，次の補題 3.3.2 によって，$\mathcal{O} = \mathcal{O}_P$ となる．

$v(\overline{x}) < 0$ とすると，$v(\overline{x}^{-1}) > 0$ かつ $v(\overline{yx}^{-1}) = v(\overline{y}) - v(\overline{x}) \geq 0$．$u = \frac{1}{x} = \frac{X_0}{X_1}$, $v = \frac{y}{x} = \frac{X_2}{X_1}$ だから，U_1 上のアフィン平面曲線 $C_1 = V(f_1)$ の座標環 $R_1 = k[u, v]/(f_1) = k[\overline{u}, \overline{v}]$ を考えると，$v(\overline{u}) > 0$ だから $\overline{u} \in \mathfrak{m}$．また，$\overline{v} \in \mathcal{O}$ となる．したがって，k の元 δ が存在して，$\mathcal{O} \geq k[\overline{u}, \overline{v}]_{(\overline{u}, \overline{v} - \delta)}$ となる．このとき，C の点 P を $(0, 1, \delta)$ とおけば，$\mathcal{O} = \mathcal{O}_P$ となる．

(2)　C は非特異曲線だから，任意の点 $P \in C$ に対して，$\mathcal{O}_P$ は $k(C)$ の離散

付値環となる．(1) の主張と合わせると，写像

$$\{(\mathcal{O}, \mathfrak{m}) \mid K \text{の離散付値環}\} \ni \mathcal{O} \quad \mapsto \quad P \in C$$

が全単射であることがわかる． □

【補題 3.3.2】 K を 1 変数の関数体，$(\mathcal{O}, \mathfrak{m})$ を K の離散付値環とする．K の局所部分環 $(\mathcal{O}', \mathfrak{m}')$ について $\mathcal{O}' \geq \mathcal{O}$ ならば，$\mathcal{O}' = \mathcal{O}$ である．

証明 $a \in \mathcal{O}'$ について，$a \notin \mathcal{O}$ と仮定すると，$a^{-1} \in \mathfrak{m}$．$\mathfrak{m}' \cap \mathcal{O} = \mathfrak{m}$ だから，$a^{-1} \in \mathfrak{m}'$．実際，v を $\mathcal{O}$ に付随する正規付値とすると，$v(a) < 0$．よって，$v(a^{-1}) > 0$ となるので，$a^{-1} \in \mathfrak{m}$．したがって，$1 = a^{-1} \cdot a \in \mathfrak{m}'$ となって，$\mathcal{O}' = \mathfrak{m}'$ となる．これは矛盾である． □

✔**注意 3.3.3** 射影平面代数曲線 C が非特異曲線でない場合を考えておく．点 P が C の特異点であるとすると，関数体 $K = k(C)$ の離散付値環 $(\mathcal{O}, \mathfrak{m})$ が存在して，$\mathcal{O} \geq \mathcal{O}_P$ となる．このような離散付値環は高々有限個しか存在しない．

このような離散付値環の存在を証明するアイデアを述べておく．C は射影平面代数曲線であるから，$P \in U_0 = \{X_0 \neq 0\}$ と仮定してもよい．$x = \frac{X_1}{X_0}$, $y = \frac{X_2}{X_0}$ とおき，$f(x, y) = F(1, x, y)$ とおく．ここで，$F(X_0, X_1, X_2) = 0$ が C の定義方程式である．$R = k[x, y]/(f(x, y))$ はアフィン平面代数曲線 $C \cap U_0$ の座標環である．このとき，$Q(R) = K$ であるが，R の K における**整閉包** $\widetilde{R}$ を $\widetilde{R} = \{w \in K \mid \ z \text{は} R \text{上整である}\}$ によって定義する．1.7 節で説明したことによって，$\widetilde{R}$ は R を含み，K に含まれる環である．また，K の元 w で $\widetilde{R}$ 上整であるものは $\widetilde{R}$ の元である．すなわち，$\widetilde{R}$ は整閉整域である．R は体 k 上有限生成整域であるが，$\widetilde{R}$ は R-加群として有限生成であることが示される．[4] の結果を引用して，このことがらを証明しよう．ネーターの正規化定理（定理 1.7.3）によって，R は 1 変数多項式環 $k[t]$ を部分環として含み，R は $k[t]$ 上整であるようにできる．このとき，体の拡大 $K \supseteq k(t)$ は有限次分離拡大である．また，$k[t]$ の体 K における整閉包は R の K における整閉包 $\widetilde{R}$ に一致する．[4]

の定理 8.5.4 によって，$\widetilde{R}$ は有限生成 $k[t]$-加群であるから，$\widetilde{R}$ は有限生成 R-加群である．よって，$\widetilde{R}$ は体 k 上有限生成整域である．したがって，$\widetilde{R}$ はネーター環で整閉整域である．このような環を**正規環**という．点 P における局所環 $\mathcal{O}_{C,P}$ は R の極大イデアル $\mathfrak{p}$ によって，$\mathcal{O}_{C,P} = R_{\mathfrak{p}}$ と表される．このとき，$\mathfrak{p}$ で生成される $\widetilde{R}$ のイデアル $\mathfrak{p}\widetilde{R}$ を含む素イデアル（実は極大イデアル）は少なくとも一つ存在して，高々有限個しか存在しない．実際，$\widetilde{R} \supset R$ は整拡大であるから，[4] の全射定理（定理 8.3.3）によって，R の素イデアル $\mathfrak{p}$ に対して $\widetilde{R}$ の素イデアル $\mathfrak{P}$ が存在して，$\mathfrak{P} \cap R = \mathfrak{p}$ となる．このような $\mathfrak{P}$ が有限個しかないことは，$\widetilde{R}$ が有限生成 R-加群ということから $\widetilde{R}/\mathfrak{p}\widetilde{R}$ が有限生成 $R/\mathfrak{p}$-加群となることより導かれる．実際，$\mathfrak{p}$ は極大イデアルだから，$R/\mathfrak{p}$ は体 k に等しく，$\widetilde{R}/\mathfrak{p}\widetilde{R}$ は k 上のアルティン環になることを利用する．詳細は [4] の第 8 章を参照せよ．その一つを $\mathfrak{P}$ とすると，$\widetilde{R}_{\mathfrak{P}}$ は $R_{\mathfrak{p}}$ を支配する K の離散付値環である．正規環の商環も正規環である．したがって，$\widetilde{R}_{\mathfrak{P}}$ は次元 1 の局所正規環である．このとき，[4] の定理 8.4.8 によって，$\widetilde{R}_{\mathfrak{P}}$ は離散付値環であって，$\widetilde{R}_{\mathfrak{P}} \geq R_{\mathfrak{p}}$ となる．逆に，$(\mathcal{O}, \mathfrak{m})$ が $\mathcal{O}_{C,P}$ を支配する K の離散付値環ならば，$\mathcal{O} = \widetilde{R}_{\mathfrak{P}}$ の形をしている．$\mathfrak{P}$ は有限個しか存在しないから，$\mathcal{O}_{C,P}$ を支配する K の離散付値環も有限個しか存在しない．

4.2 節で，射影平面代数曲線の特異点をブローイング・アップによって解消し，非特異射影代数曲線を得る方法について述べる．得られた非特異代数曲線は平面代数曲線とは限らない．しかし，各点の局所環は離散付値環になる．このことからも注意 3.3.3 で述べたことがらが従う．

3.4　ベズー[1] の定理

2.4 節の終結式に関する結果を斉次多項式の場合に拡張することを考えよう．$F, G \in k[X_0, X_1, X_2]$ を次数 m, n の斉次多項式として，

[1] Bézout

$$\begin{cases} F = A_0 X_2^m + A_1 X_2^{m-1} + \cdots + A_m \\ G = B_0 X_2^n + B_1 X_2^{n-1} + \cdots + B_n \end{cases} \tag{3.6}$$

と表す．ただし，$A_i, B_j \in k[X_0, X_1]$ は次数 i, j の斉次多項式である．ここで，係数 A_i, B_j の添字のつけ方は 2.4 節とは異なって，X_0, X_1 に関する次数と一致するようにつけてある．また，X_0, X_1, X_2 に射影変換を施して，$F(0,0,1)G(0,0,1) \neq 0$ と仮定してもよい．すると，A_0 と B_0 は k の元で，$A_0 B_0 \neq 0$ となっている．F と G の X_2 に関する終結式を $R(F,G) := \mathrm{Res}(F,G)$ とする．

【補題 3.4.1】 (1) $R(F,G)$ は X_0, X_1 の多項式として，恒等的に 0 か次数 mn の斉次多項式である．

(2) 多項式 $f(x,y), g(x,y)$ を

$$f(x,y) = F(1,x,y) = A_0(1,x)y^m + A_1(1,x)y^{m-1} + \cdots + A_m(1,x) \ ,$$
$$g(x,y) = G(1,x,y) = B_0(1,x)y^n + B_1(1,x)y^{n-1} + \cdots + B_n(1,x)$$

とおいて，2.4 節のように y に関する f と g の終結式を $\mathrm{Res}(f,g)$ とすると，$R(F,G) = X_0^{mn}\mathrm{Res}(f,g)\left(1, \frac{X_1}{X_0}\right)$ となる．

証明 (1) $k[X_0, X_1]$ の元 $h(X_0, X_1)$ が次数 d の斉次多項式であるための必要十分条件は，t を独立変数として，

$$h(tX_0, tX_1) = t^d h(X_0, X_1)$$

となることである．よって，$R(F,G)$ が次数 mn の斉次多項式であることを示すには

$$R(F,G)(tX_0, tX_1) = t^{mn} R(F,G)(X_0, X_1)$$

となることを示せばよい．$A_i(tX_0, tX_1) = t^i A_i(X_0, X_1)$，$B_j(tX_0, tX_1) = t^j B_j(X_0, X_1)$ となることに注意して，

$$R(F,G)(tX_0,tX_1)=\begin{vmatrix} A_0 & tA_1 & \cdots & t^mA_m & 0 & \cdots & 0 \\ 0 & A_0 & \cdots & t^{m-1}A_{m-1} & t^mA_m & \cdots & 0 \\ & \cdots & \cdots & & \cdots & \cdots & \\ 0 & 0 & \cdots & A_0 & tA_1 & \cdots & t^mA_m \\ B_0 & tB_1 & \cdots & t^nB_n & 0 & \cdots & 0 \\ 0 & B_0 & \cdots & t^{n-1}B_{n-1} & t^nB_n & \cdots & 0 \\ & \cdots & \cdots & & \cdots & \cdots & \\ 0 & 0 & \cdots & B_0 & tB_1 & \cdots & t^nB_n \end{vmatrix}$$

$$=t^{mn}\begin{vmatrix} A_0 & A_1 & \cdots & A_m & 0 & \cdots & 0 \\ 0 & A_0 & \cdots & A_{m-1} & A_m & \cdots & 0 \\ & \cdots & \cdots & & \cdots & \cdots & \\ 0 & 0 & \cdots & A_0 & A_1 & \cdots & A_m \\ B_0 & B_1 & \cdots & B_n & 0 & \cdots & 0 \\ 0 & B_0 & \cdots & B_{n-1} & B_n & \cdots & 0 \\ & \cdots & \cdots & & \cdots & \cdots & \\ 0 & 0 & \cdots & B_0 & B_1 & \cdots & B_n \end{vmatrix}$$

となることを示せばよい．上式の最初の行列式の $A_0, tA_1, \ldots, t^mA_m$ の並ぶ n 個の行のうち第 i 行に t^i $(1 \le i \le n)$ をかけ，$B_0, tB_1, \ldots, t^nB_n$ の並ぶ m 個の行のうち第 $n+j$ 行に t^j $(1 \le j \le m)$ をかけると，第 ℓ 列は t^ℓ $(1 \le \ell \le m+n)$ で割れて，割った後の $A_0, \ldots, A_m, B_0, \ldots, B_n$ には t のべきがないことがわかる．よって，

$$\begin{aligned}&(1+2+\cdots+(m+n))-(1+2+\cdots+n)-(1+2+\cdots+m)\\&=\frac{1}{2}(m+n)(m+n+1)-\frac{1}{2}n(n+1)-\frac{1}{2}m(m+1)=mn\end{aligned}$$

だけの t のべきが行列式の外に繰り出されることがわかる．したがって，$R(F,G)$ は恒等的に 0 でなければ，次数 mn の斉次多項式である．

(2) $R(F,G)$ を次のように計算する．

$$R(F,G)$$

$$= \begin{vmatrix} A_0 & X_0A_1(1,x) & \cdots & X_0^m A_m(1,x) & 0 & \cdots & 0 \\ 0 & A_0 & \cdots & X_0^{m-1}A_{m-1}(1,x) & X_0^m A_m(1,x) & \cdots & 0 \\ & \cdots & \cdots & & \cdots & \cdots & \\ 0 & 0 & \cdots & A_0 & X_0A_1(1,x) & \cdots & X_0^m A_m(1,x) \\ B_0 & X_0B_1(1,x) & \cdots & X_0^n B_n(1,x) & 0 & \cdots & 0 \\ 0 & B_0 & \cdots & X_0^{n-1}B_{n-1}(1,x) & X_0^n B_n(1,x) & \cdots & 0 \\ & \cdots & \cdots & & \cdots & \cdots & \\ 0 & 0 & \cdots & B_0 & X_0B_1(1,x) & \cdots & X_0^n B_n(1,x) \end{vmatrix}$$

$$= X_0^{mn}\mathrm{Res}(f,g)\ .$$

実際，上の 2 番目の等式は (1) の計算において，$t = X_0, A_i(X_0,X_1) = A_i(1,x), B_j(X_0,X_1) = B_j(1,x)$ とおいたものである． □

既約な斉次多項式 $F(X_0,X_1,X_2)$ と $G(X_0,X_1,X_2)$ を用いて定義される射影平面曲線を $C = V^+(F)$，$D = V^+(G)$ とおく．このとき C, D の交点と終結式 $\mathrm{Res}(F,G)$ との関係を調べよう．F と G を (3.6) のように表したとき，$A_0B_0 \neq 0$ の他に，$A_m \not\equiv 0$ かつ $B_n \not\equiv 0$ である．もし $A_m \equiv 0$ ならば F は可約であり，$B_n \equiv 0$ ならば G は可約である．ここで，$A \equiv 0$ は多項式 A が恒等的に 0 であることを示す．すると，C と D の交点の数は有限個である．実際，アフィン平面 $U_2 = \{X_2 \neq 0\}$ に対してアフィン平面曲線 $C_2 = C \cap U_2$ と $D_2 = D \cap U_2$ はそれぞれ $F(\frac{X_0}{X_2}, \frac{X_1}{X_2}, 1) = 0$ と $G(\frac{X_0}{X_2}, \frac{X_1}{X_2}, 1) = 0$ で定義される．系 2.4.2 によって，$C_2 \cap D_2$ は有限集合である．また，$H_2 = \{X_2 = 0\}$ とおいて，$\mathbb{P}^2 = U_2 \cup H_2$ であるが，

$$C \cap H_2 = \{(\alpha_0, \alpha_1, 0) \in H_2 \mid F(\alpha_0, \alpha_1, 0) = 0\}$$

$$D \cap H_2 = \{(\beta_0, \beta_1, 0) \in H_2 \mid H(\beta_0, \beta_1, 0) = 0\}$$

となっている．しかるに，$F(X_1, X_2, 0)$ は 2 変数の斉次多項式であるから，斉次 1 次多項式の積と書ける．よって，$C \cap H_2$ は有限集合である．同様にし

て，$D \cap H_2$ も有限集合である．したがって，$C \cap D \cap H_2$ は有限集合である．$\deg F = m$，$\deg G = n$ だから，$\#(C \cap H_2) \leq m$，$\#(D \cap H_2) \leq n$ となっている．よって，$\#(C \cap D \cap H_2) \leq \min(m, n)$ である．

【定理 3.4.2】 $C = V^+(F)$，$D = V^+(G)$ を m 次と n 次の既約射影平面曲線とする．$C \cap D = \{P_1, \ldots, P_N\}$ とし，P_i における C，D の重複度をそれぞれ r_i，s_i とすると，$\displaystyle\sum_{i=1}^{N} r_i s_i \leq mn$ となる．

証明 $\{P_1, \ldots, P_N\}$ の任意の 2 点を結ぶ $\binom{N}{2}$ 本の直線上にない点を取って P_∞ とし，$P_\infty = (0, 0, 1)$ となるように射影変換を行う．また，射影変換によって $P_1, \ldots, P_N$ のどれも直線 $X_0 = 0$ 上にないようにしておく．そこで，この節の始めの (3.6) のように F, G を表示する．$(\alpha_0, \alpha_1) \neq (0, 0)$ として $R(F, G)(\alpha_0, \alpha_1) = 0$ となれば，$F(\alpha_0, \alpha_1, \alpha_2) = G(\alpha_0, \alpha_1, \alpha_2) = 0$ となる α_2 が存在する．逆に，$F(\alpha_0, \alpha_1, \alpha_2) = G(\alpha_0, \alpha_1, \alpha_2) = 0$ ならば，$R(F, G)(\alpha_0, \alpha_1) = 0$ である．仮定によって，このような C と D の交点 $(\alpha_0, \alpha_1, \alpha_2)$ に対して，$(\alpha_0, \alpha_1, \alpha_2)$ は直線 $X_0 = 0$ 上にないから，$\alpha_0 \neq 0$ である．したがって，$x = \frac{X_1}{X_0}$，$y = \frac{Y_1}{Y_0}$ として，$f(x, y) = F(1, x, y)$，$g(x, y) = G(1, x, y)$ とおけば，$(\frac{\alpha_1}{\alpha_0}, \frac{\alpha_2}{\alpha_0})$ は $f(x, y) = g(x, y) = 0$ の共通解である．この点を P_i とすれば，$\mathrm{Res}(f, g)(x)$ は補題 2.4.4 によって $\left(x - \frac{\alpha_1}{\alpha_0}\right)^{r_i s_i}$ で割り切れる．補題 3.4.1 により，$R(F, G) = X_0^{mn} \mathrm{Res}(f, g)(x)$ だから，$\mathrm{Res}(F, G)$ は $(\alpha_0 X_1 - \alpha_1 X_0)^{r_i s_i}$ で割り切れる．しかるに，$P_i = (\alpha_0, \alpha_1, \alpha_2)$，$P_j = (\beta_0, \beta_1, \beta_2)$ $(i \neq j)$ とすると，$\frac{\alpha_1}{\alpha_0} \neq \frac{\beta_1}{\beta_0}$ である．なぜならば，$\frac{\alpha_1}{\alpha_0} = \frac{\beta_1}{\beta_0}$ とすると，P_i，P_j は直線 $\alpha_0 X_1 - \alpha_1 X_0 = 0$ の解である．このとき，P_∞ も同じ直線上にあるから，3 点 P_i, P_j, P_∞ が同一直線上にあることになり，P_∞ の取り方に反する．よって，C と D の各交点 P_i は mn 次の斉次多項式 $R(F, G)(X_0, X_1)$ を割る相異なる斉次 1 次多項式を与えて，その 1 次多項式は $r_i s_i$ 以上の重複度をもつ．よって，$\displaystyle\sum_{i=1}^{N} r_i s_i \leq mn$. □

定理 3.4.2 の記号を使う．その証明で仮定したように，

(1) C と D のどの2交点を結ぶ直線上にも点 P_∞ はない,

(2) C と D の交点は直線 $X_0 = 0$ 上にはない

という条件も仮定しておく．このとき，$C \cap D$ に属する交点はアフィン平面 $U_0 = \{X_0 \neq 0\}$ に含まれていて，アフィン平面曲線 $C_0 = C \cap U_0$ と $D_0 = D \cap U_0$ の交点である．ただし，C_0, D_0 は方程式 $f(x, y) = F(1, x, y) = 0$, $g(x, y) = G(1, x, y) = 0$ で定義されている．このとき，2.4節のように C_0 と D_0 の交点数 $i(C_0, D_0; P_i)$ を考えることができる．これを C と D の P_i における**交点数**といって，$i(C, D; P_i)$ と書く．条件(2)を仮定しないでも，交点 P_i はアフィン平面 U_0, U_1, U_2 のどれかの上にのっているから，P_i がのっている平面 U_0, U_1, U_2 のどれかの上で C と D の定義方程式を考えれば，2.4節と同様にして，$i(C, D; P_i)$ が定まる．**ベズーの定理**は次のことを主張している．

【定理3.4.3】 C と D を m, n 次の既約射影平面曲線とすると，$\sum_{i=1}^{N} i(C, D; P_i) = mn$.

証明は難しいので省略するが，ここではベズーの定理の系を述べておく．

【系3.4.4】 C_0, D_0 をアフィン平面曲線とし，その定義方程式を $f(x, y) = 0$, $g(x, y) = 0$ とする．$f(x, y)$, $g(x, y)$ をそれぞれ m, n 次の多項式として，それらの最高次の斉次部分を $f_m(x, y)$, $g_n(x, y)$ とする．もし $f_m(x, y)$ と $g_n(x, y)$ が共通な斉次1次多項式をもたないならば，

$$\dim_k k[x, y]/(f, g) = mn$$

となる．

証明 $F(X_0, X_1, X_2) = X_0^m f(\frac{X_1}{X_0}, \frac{X_2}{X_0})$, $G(X_0, X_1, X_2) = X_0^n g(\frac{X_1}{X_0}, \frac{X_2}{X_0})$ とおいて，$F(X_0, X_1, X_2) = 0$ と $G(X_0, X_1, X_2) = 0$ を定義方程式とする射影平面曲線をそれぞれ C, D とおくと，$C_0 = C \cap U_0$, $D_0 = D \cap U_0$ であり，$F_m(X_1, X_2) = X_0^m f_m(\frac{X_1}{X_0}, \frac{X_2}{X_0})$, $G_n(X_1, X_2) = X_0^n g_n(\frac{X_1}{X_0}, \frac{X_2}{X_0})$ となることは容易に確かめられる．したがって，$f_m(x, y)$ と $g_n(x, y)$ が共通の斉次1次多項式をもたないという条件は，C と D が直線 $X_0 = 0$ 上に交点をもたないこ

とと同値である．すると，系の主張はベズーの定理と定理 2.4.8 から従う．　□

次の例では，定理 3.4.2 で実際に不等式が生じる．

▣ **例 3.4.5**　$F = X_0X_2^2 - X_1^3, G = X_2$ として，$C = V^+(F), D = V^+(G)$ とおく．直線 $X_0 = 0$ 上にある C の点は $(0,0,1)$ だけであるから，C と D は $X_0 = 0$ 上では交わらない．$x = \frac{X_1}{X_0}, y = \frac{X_2}{X_0}$ とおくと，U_0 上で C は $f = y^2 - x^3$, D は $y = 0$ で定義されている．$C \cap D = \{P_0\}$, $P_0 = (1,0,0)$ である．このとき，$m = 3, n = 1$ で，C と D の P_0 における重複度は 2 と 1 である．しかるに，

$$(C \cdot D) = i(C, D; P_0) = \dim_k k[x,y]/(y^2 - x^3, y) = \dim_k k[x]/(x^3) = 3$$

だから，定理 3.4.2 において，不等式が生じる．

3.5　非特異射影平面曲線上の因子

既約 d 次の斉次多項式 $F(X_0, X_1, X_2)$ で定義される射影平面曲線 $C = V^+(F)$ が非特異であると仮定する．C の点全体で定義される自由アーベル群 $\bigoplus_{P \in C} \mathbb{Z}P$ の元を C 上の**因子** (divisor) という．$\mathrm{Div}(C) = \bigoplus_{P \in C} \mathbb{Z}P$ と表す．$\mathrm{Div}(C)$ の元を $D = \sum_{P \in C} a(P)P$ と表すと，定義によって，有限個の P を除いて $a(P) = 0$ である．このとき，D の**次数**を $\deg D = \sum_{P \in C} a(P)$ と定義する．D に対して $\deg D$ を対応させる写像 $\deg : \mathrm{Div}(C) \to \mathbb{Z}$ はアーベル群の準同型写像である．また，各 P について $a(P) \geq 0$ となるとき，D は**有効因子**であるといい，$D \geq 0$ と表す．2 つの因子 D, D' について，$D' - D \geq 0$ となるとき，$D' \geq D$ と表す．因子 $D = \sum_{P \in C} a(P)P$ に対して $D^+ = \sum_{a(P)>0} a(P)P$, $D^- = \sum_{a(P)<0} -a(P)P$ とおけば，$D^+ \geq 0$, $D^- \geq 0$ で，$D = D^+ - D^-$ と書くことができる．

関数体 $k(C)$ の非零元 ξ に対して ξ の因子 (ξ) を次のように定義する．C の

各点 P について局所環 $\mathcal{O}_{C,P}$ は離散付値環だから，付随する $k(C)$ の付値を v_P と記すとき

$$(\xi) = \sum_{P \in C} v_P(\xi) P.$$

この式によって (ξ) が定義できていることを示すには，有限個の点 P を除いて $v_P(\xi) = 0$ となっていることを示さなければならない．そのために，3.2 節のように

$$\xi = \frac{G(\overline{X}_0, \overline{X}_1, \overline{X}_2)}{H(\overline{X}_0, \overline{X}_1, \overline{X}_2)} \tag{3.7}$$

と表す．ただし，$G(X_0, X_1, X_2), H(X_0, X_1, X_2)$ は同一次数の斉次多項式で，$\overline{X}_0 = X_0 + (F), \overline{X}_1 = X_1 + (F), \overline{X}_2 = X_2 + (F)$ である．したがって，$G(\overline{X}_0, \overline{X}_1, \overline{X}_2),\ H(\overline{X}_0, \overline{X}_1, \overline{X}_2) \in k[\overline{X}_0, \overline{X}_1, \overline{X}_2] = k[X_0, X_1, X_2]/(F)$ である．

$G(X_0, X_1, X_2)$ が既約斉次多項式の場合，$D = V^+(G)$ とおき，C 上の因子 $C \cdot D$ を

$$C \cdot D = \sum_{P \in C} i(C, D; P) P$$

と定義する．$C \neq D$ ならば，$C \cap D$ は有限集合だから，この因子は定義されて有効因子となっている．

$G(X_0, X_1, X_2)$ が可約である場合，$G = G_1^{m_1} \cdots G_r^{m_r}$ と互いに素な既約斉次多項式の積に分解する．$D_i = V^+(G_i)$ $(1 \leq i \leq r)$ として，$C \cdot D = \displaystyle\sum_{i=1}^{r} m_i C \cdot D_i$ と定義する．ここで，$D = m_1 D_1 + \cdots + m_r D_r$ と書いておけば，

$$C \cdot D = m_1 C \cdot D_1 + \cdots + m_r C \cdot D_r$$

という等式が成立していることになる．このとき，$\deg(C \cdot D) = \displaystyle\sum_{i=1}^{r} m_i \deg (C \cdot D_i)$ を $(C \cdot D)$ と記す．記号が紛らわしいので，混同しないように注意しよう．(3.7) のように ξ を表しておくと，

$$(\xi) = C \cdot V^+(G) - C \cdot V^+(H)$$

だから，有限個の C の点を除いて，$v_P(\xi) = 0$ となる．

問題 3.5.1　$G(X_0, X_1, X_2)$ を斉次多項式として，$k[X_0, X_1, X_2]$ の中で $G = G_1G_2$ と 2 つの多項式の積に分解できれば，G_1, G_2 も斉次であることを証明せよ．

解答　G_i を，$G_i = G_{i0} + G_{i1} + \cdots + G_{in_i}$，$G_{in_i} \neq 0 \ \ (i = 1, 2)$ と斉次部分の和に分解する．ただし，$\deg G_{ij} = j$ である．t を独立変数として，G が d 次の斉次多項式である必要十分条件は $G(tX_0, tX_1, tX_2) = t^d G(X_0, X_1, X_2)$ となることである．

$$G_i(tX_0, tX_1, tX_2) = G_{i0} + tG_{i1} + \cdots + t^{n_i} G_{in_i}$$

だから，$d = n_1 + n_2$ に注意して，等式

$$G(tX_0, tX_1, tX_2) = G_1(tX_0, tX_1, tX_2) G_2(tX_0, tX_1, tX_2)$$

を t の $k[X_0, X_1, X_2]$-係数の多項式に展開して係数を比べると，定数部分から $G_{10}G_{20} = 0$. もし $G_{10} \neq 0$ ならば, $G_{20} = 0$. 次に, t の係数を比べて $G_{21} = 0$. このようにして，$G_{2n_2} = 0$ となって矛盾する．したがって，$G_{10} = G_{20} = 0$. 同様にして，t^2 の係数の比較から，$G_{11}G_{21} = 0$. $G_{11} \neq 0$ ならば，上と同様にして $G_{21} = \cdots = G_{2n_2} = 0$ となって矛盾が生じる．よって，$G_{11} = G_{21} = 0$. このようにして，$G_{ij} = 0 \ \ (0 \leq j < n_i)$，$G = G_{1n_1} G_{2n_2}$ となることがわかる．　□

ξ を $k(C)$ の非零元として，(ξ) が 0 でない因子ならば，$(\xi) = \sum_{P \in C} v_P(\xi) P$ を $v_P(\xi)$ が正の部分と負の部分に分けて，

$$(\xi) = D_1 - D_2, \quad D_1 = \sum_{v_P(\xi) > 0} v_P(\xi) P, \ \ D_2 = \sum_{v_P(\xi) < 0} -v_P(\xi) P$$

と書く．このとき，D_1（または $v_P(\xi) > 0$ となる点 P）を ξ の**零**（または**零点**）といい，D_2（または $v_P(\xi) < 0$ となる点 P）を ξ の**極**（または**極点**）という．D_1 と D_2 は有効因子である．D_1 と D_2 をそれぞれ $(\xi)^+$ と $(\xi)^-$ と表すことがある．

【補題 3.5.2】　次の結果が成立する．

(1) (ξ) は因子であり，$\deg(\xi) = 0$.

(2) $(\xi) = 0 \quad \Leftrightarrow \quad \xi \in k^*$.

(3) $\xi, \eta \in k(C)^*$ について，$\xi + \eta \neq 0$ のとき，

$$(\xi\eta) = (\xi) + (\eta), \quad v_P(\xi + \eta) \geq \min(v_P(\xi), v_P(\eta)) \quad (\forall\ P \in C).$$

証明 (1) ξ を (3.7) のように表示する．$P \in C$ に対して，$P \in C \cap U_0$ の場合を考える．$P \in C \cap U_1$ または $P \in C \cap U_2$ の場合も同様である．これまでの記号を使って，$g(x,y) = G(1,x,y)$，$h(x,y) = H(1,x,y)$ とする．このとき，$\xi = \dfrac{\overline{g}}{\overline{h}}$ である．ただし，$\overline{g} = g(\overline{x}, \overline{y})$，$\overline{h} = h(\overline{x}, \overline{y})$ とおいている．$v_P(\overline{g}) \geq 0$，$v_P(\overline{h}) \geq 0$ であるが，$v_P(\overline{g}) = i(C, D; P)$，$v_P(\overline{h}) = i(C, E; P)$ となる．ただし，$D = V^+(G)$，$E = V^+(H)$ とおく．したがって，$P \notin C \cap D$，$P \notin C \cap E$ ならば，$v_P(\xi) = v_P(\overline{g}) - v_P(\overline{h}) = 0$ となる．$G(\overline{X}_0, \overline{X}_1, \overline{X}_2) \neq 0$，$H(\overline{X}_0, \overline{X}_1, \overline{X}_2) \neq 0$ ならば，$G(X_0, X_1, X_2)$ と $H(X_0, X_1, X_2)$ は $F(X_0, X_1, X_2)$ と互いに素であり，$\#(C \cap D) < \infty$，$\#(C \cap E) < \infty$ である．よって，有限個の P を除いて，$v_P(\xi) = 0$.

また，以上の議論によって，等式

$$(\xi) = C \cdot D - C \cdot E$$

が成立していることもわかる．$\deg G = \deg H = n$ とおけば，ベズーの定理により $\deg(C \cdot D) = \deg(C \cdot E) = dn$ である．よって，$\deg(\xi) = 0$ となる．

(2) 次の同値が成立している．

$$(\xi) = 0 \quad \Leftrightarrow \quad v_P(\xi) = 0 \ \ (\forall P \in C) \quad \Leftrightarrow \quad \xi \in \mathcal{O}_{C,P} \ \ (\forall P \in C)\ .$$

したがって，結果は次の補題3.5.3より従う．

(3) 離散付値の性質 $v_P(\xi\eta) = v_P(\xi) + v_P(\eta)$，$v_P(\xi + \eta) \geq \min(v_P(\xi), v_P(\eta))$ より直ちに導かれる． □

【補題 3.5.3】 C を非特異射影平面曲線とすると，$\displaystyle\bigcap_{P \in C} \mathcal{O}_{C,P} = k$.

証明 $k \subseteq \displaystyle\bigcap_{P \in C} \mathcal{O}_{C,P}$ は明らかである．逆の包含関係を示す．ξ を $\displaystyle\bigcap_{P \in C} \mathcal{O}_{C,P}$

の非零元とすると，$v_P(\xi) \geq 0 \quad (\forall\ P \in C)$ である．$\xi \notin k$ ならば，ξ を $\xi - c \quad (c \in k)$ で取り替えてもよいから，$v_{P_0}(\xi) > 0 \quad (\exists\ P_0 \in C)$ と仮定してもよい．例えば，$c = \xi(P_0)$ とおく．このとき，$\deg(\xi) = 0$ だから，$v_Q(\xi) < 0 \ (\exists\, Q \in C)$ となる．これは $\xi \in \mathcal{O}_{C,Q}$ という仮定に矛盾する．よって，$\xi \in k$. □

C 上の因子 D, D' について，$D' - D = (\xi)$ となる元 $\xi \in k(C)^* := k(C)\backslash\{0\}$ が存在するとき，D と D' は**線形同値**であるといい，$D \sim D'$ と表す．因子の線形同値はアーベル群 $\mathrm{Div}(C)$ に加法を保つ同値関係を定義する．実際，

$$
\begin{aligned}
&\text{(i)} D \sim D. \\
&\text{(ii)} D \sim D' \Longrightarrow D' \sim D. \\
&\text{(iii)} D \sim D',\ \ D' \sim D'' \Longrightarrow D \sim D''. \\
&\text{(iv)} D_1 \sim D_1',\ D_2 \sim D_2' \Rightarrow (D_1 \pm D_2) \sim (D_1' \pm D_2').
\end{aligned}
$$

が成立する．なぜならば，(i) $D - D = (1)$，(ii) $D' - D = (\xi) \Leftrightarrow D - D' = (\xi^{-1})$，(iii) $D' - D = (\xi),\ D'' - D' = (\eta) \Rightarrow D'' - D = (\xi\eta)$ である．さらに，$D_1' - D_1 = (\xi_1),\ D_2' - D_2 = (\xi_2) \Rightarrow (D_1' + D_2') - (D_1 + D_2) = (\xi_1\xi_2),\ (D_1' - D_2') - (D_1 - D_2) = (\xi_1\xi_2^{-1})$．ここで，$\xi,\ \eta \in k(C)^*$ について，補題 3.5.3 によって，

$$
(\xi) = (\eta) \ \Leftrightarrow\ (\xi\eta^{-1}) = 0 \ \Leftrightarrow\ \xi\eta^{-1} \in k^* \ \Leftrightarrow\ \eta = c\xi,\ c \in k^*
$$

となることを注意しておこう．そこで，$\mathrm{Pic}(C) = \mathrm{Div}(C)/(\sim)$ とおくと，上の性質 (iv) によって，$\mathrm{Pic}(C)$ はアーベル群になる．この群を C の**ピカール群**という．

【補題 3.5.4】　C が非特異有理代数曲線ならば，$\mathrm{Pic}(C) \cong \mathbb{Z}$ である．

証明　C が斉次座標 (X_0, X_1) をもつ射影直線のときに証明する．$x = \frac{X_1}{X_0}$ とすると，$(x) = P_0 - P_\infty$ である．ただし，$P_0 = (1, 0), P_\infty = (0, 1)$ とする．$c \in k$ に対して，点 P_c を $x = c$ で定まる点とすると，$x - c = \frac{X_1 - cX_0}{X_0}$ より，$(x - c) = P_c - P_\infty$．任意の因子 D を $D = a_\infty P_\infty + \sum_{c \in k} a_c P_c$ と表すと，上の

注意によって，

$$D \sim \left(\sum_{c \in k} a_c + a_\infty \right) P_\infty$$

となる．よって，$\mathrm{Pic}(C) \cong \mathbb{Z}$. □

C 上の因子 $D = \sum_{P \in C} a(P)P$ に対して

$$L(D) = \{\xi \in k(C)^* \mid D + (\xi) \geq 0\} \cup \{0\}$$

を D の k-**加群**という．

【補題 3.5.5】 $L(D)$ は k 上の有限次元ベクトル空間である．また，$\deg D < 0$ ならば，$L(D) = (0)$ である．$\deg D = 0$ のとき，$L(D) \neq (0)$ となる必要十分条件は $D \sim 0$ である．

証明 $D + (\xi) \geq 0$ ならば，$\forall\, P \in C$ に対して，$a(P) + v_P(\xi) \geq 0$. すなわち，$v_P(\xi) \geq -a(P)$ である．また，$D + (\xi) \geq 0$ ならば，$\forall\, c \in k^*$ に対して，$D + (c\xi) \geq 0$ である．さらに，$D + (\eta) \geq 0$ ならば，$c, d \in k^*$ に対して，

$$v_P(c\xi + d\eta) \geq \min(v_P(c\xi), v_P(d\eta)) = \min(v_P(\xi), v_P(\eta)) \geq -a(P)$$

となる．よって，$D + (c\xi + d\eta) \geq 0$ となるので，$c\xi + d\eta \in L(D)$. $c = 0$ または $d = 0$ のときも同様に取り扱える．よって，$L(D)$ は k-加群である．

さらに，$D + (\xi) \geq 0$ で，$D' \geq D$ ならば，$D' + (\xi) \geq D + (\xi) \geq 0$ だから，$L(D) \subseteq L(D')$ である．したがって，$L(D)$ の次元が有限であることを示すには，D に十分大きな因子を加えて，D が有効因子であると仮定してもよい．

改めて $D = \sum_{i=1}^{n} a_i P_i$, $a_i > 0\ (\forall\, i)$ と書きなおす．C 上の点 P_i における局所環 $\mathcal{O}_{C,P_i}$ は離散付値環であるが，その生成元（すなわち，極大イデアル $\mathfrak{m}_{C,P_i}$ を生成する元）を t_i とする．すると，$\xi \in L(D)$ ならば $v_{P_i}(\xi) \geq -a_i\ (\forall\, i)$ となること，すなわち，$\xi \in t^{-a_i}\mathcal{O}_{C,P_i}\ (\forall\, i)$ に注意して，k-線形写像

$$v_D : L(D) \longrightarrow \prod_{i=1}^{n} t_i^{-a_i}\mathcal{O}_{C,P_i}/\mathcal{O}_{C,P_i}$$

を，

$$v_D(\xi) = (\xi(\mathrm{mod}\mathcal{O}_{C,P_1}), \dots, \xi(\mathrm{mod}\mathcal{O}_{C,P_n}))$$

で定義することができる．$\xi, \eta \in L(D)$ に対して，$v_D(\xi) = v_D(\eta)$ となれば，$\eta - \xi \in \mathcal{O}_{C,P_i}$ $(1 \leq i \leq n)$ となる．したがって，$\eta - \xi \in \bigcap_{P \in C} \mathcal{O}_{C,P} = k$ となる．すなわち，$\eta = \xi + c$ $(\exists\, c \in k)$ と表せる．ここで，$D \geq 0$ と仮定したので，任意の k の元 c は $L(D)$ の元であることに注意しておこう．すなわち，k は $L(D)$ の部分 k-加群である．よって，$L(D)/k$ は k-加群

$$\prod_{i=1}^{n} t_i^{-a_i}\mathcal{O}_{C,P_i}/\mathcal{O}_{C,P_i}$$

の部分 k-加群である．ここで，

$$\dim_k \prod_{i=1}^{n} t_i^{-a_i}\mathcal{O}_{C,P_i}/\mathcal{O}_{C,P_i} = \sum_{i=1}^{n} \dim_k t_i^{-a_i}\mathcal{O}_{C,P_i}/\mathcal{O}_{C,P_i} = \sum_{i=1}^{n} a_i = \deg D$$

と計算される．よって，$\dim_k L(D) \leq \deg D + 1$ となるので，$L(D)$ は k 上の有限次元ベクトル空間である．

もし $D' \geq 0$ で $D' = D + (\xi)$ となれば，$\deg D' = \deg D \geq 0$ である．したがって，$\deg D < 0$ ならば，$L(D) = (0)$．$\deg D = 0$ かつ $L(D) \neq (0)$ と仮定する．このとき，$\xi \in L(D) \setminus \{0\}$ に対して，$D' := D + (\xi) \geq 0$．$\deg D' = \deg D = 0$ だから，$D' = 0$．したがって，$D = (\xi^{-1}) \sim 0$ である．逆に，$D \sim 0$ ならば，$\xi \in k(C)^*$ が存在して，$D + (\xi) = 0$．このとき，$L(D) = k\xi \neq (0)$ である．　□

D を C 上の因子とするとき，

$$|D| = \{D' \geq 0 \mid D' = D + (\xi),\ \ \exists\, \xi \in L(D)\}$$

とおく．$L(D) = (0)$ のときは，$|D| = \emptyset$ である．

また，k 上の有限次元ベクトル空間 $V \neq (0)$ について，$V \setminus \{0\}$ に

$$v \sim w \Longleftrightarrow \exists\, c \in k^*,\ \ w = cv$$

によって同値関係を定義し，同値類の集合 $\mathbb{P}(V) = (V \setminus \{0\})/(\sim)$ を取る．各同値類は v を代表元として $\{cv \mid c \in k^*\}$ と一致する．$\dim_k V = n + 1$

として，V の基底 $\{v_0, v_1, \dots, v_n\}$ を一つ選ぶ．すると，$v \in V \setminus \{0\}$ を $v = a_0v_0 + a_1v_1 + \cdots + a_nv_n$ と表して，v に $(a_0, a_1, \dots, a_n) \in k^{n+1} \setminus \{(0, \dots, 0)\}$ が対応する．さらに，$cv \quad (c \in k^*)$ に対しては $(ca_0, ca_1, \dots, ca_n)$ が対応するから，同値類 $\{cv \mid c \in k^*\}$ には同値類 $\{(ca_0, ca_1, \dots, ca_n) \mid c \in k^*\}$ が対応する．このようにして，$\mathbb{P}(V)$ は n 次元射影空間 $\mathbb{P}^n$ に同一視される．

【定理 3.5.6】　$L(D) \neq (0)$ と仮定すると，$|D| = \mathbb{P}(L(D))$ である．

証明　$D' = D + (\xi) = D + (\eta)$，$\xi, \eta \in L(D) \setminus \{0\}$ とすると，$(\xi) = (\eta)$．よって，$(\eta\xi^{-1}) = 0$ だから，$\eta\xi^{-1} \in \bigcap_{P \in C} \mathcal{O}_{C,P} = k$ となる．したがって，$\exists\, c \in k^*,\quad \eta = c\xi$．逆に，$L(D) \setminus \{0\}$ の同値類 $\{c\xi \mid c \in k^*\}$ に $|D|$ の元 $D + (c\xi) = D + (\xi)$ が対応している．よって，$|D| = \mathbb{P}(L(D))$ である．　□

この定理によって，$|D|$ には $(\dim_k L(D) - 1)$ 次元の射影空間の構造が入ることがわかる．$\ell(D) = \dim_k L(D)$ と表し，$|D|$ のことを D の**完備線形系**という．

$L \subseteq L(D)$ を $L \neq (0)$ となる部分 k-加群とする．このとき，

$$\Lambda = \{D + (\xi) \mid \xi \in L \setminus \{0\}\}$$

を，L を k-加群にもつ D の**線形系**という．上に説明したように，Λ は $\mathbb{P}(L)$ と同一視され，$\mathbb{P}(L) \subseteq \mathbb{P}(L(D))$ だから，$\mathbb{P}^n$ の $(\dim_k L - 1)$ 次元の線形部分空間と同一視される．その次元を $\dim \Lambda$ と書いて，Λ の次元という．$\dim \Lambda = \dim_k L - 1$ である．とくに，$\dim_k L = 2$ のとき，Λ を D の**線形束**という．

有効因子 $D = \sum_{P \in C} a(P)P$ に対し，

$$\mathrm{Supp}(D) := \{P \mid a(P) > 0\}$$

を D の**サポート**または**台**という．点 P が線形系 Λ に属するすべての因子のサポートに入っているとき，すなわち，

$$P \in \bigcap_{D' \in \Lambda} \mathrm{Supp} D'$$

であるとき，P は Λ の**基点**という．Λ の基点全体のなす集合を $\mathrm{Bs}\,\Lambda$ と表して，Λ の**基点集合**という．

有効因子 F_0 は，Λ に属するすべての因子 D' に対して $D' \geq F_0$ となるとき，Λ の固定部分に含まれているという．そのような F_0 の最大のものを F と書いて Λ の**固定部分**という．$\Lambda \neq \emptyset$ ならば，F が定義できることは明らかであろう．すると，Λ に属するすべての因子 D' は $D' = E' + F$, $E' \geq 0$ と表せる．$D', D'' \in \Lambda$ に対して，$D' = E' + F$, $D'' = E'' + F$ と表せば，$D'' - D' = E'' - E' = (\xi)$, $\xi \in L$ となる．ここで，L は Λ を定義する k-加群である．したがって，$D = E + F$ と表しておけば，

$$\Lambda_m = \{E' \mid \exists\, D' \in \Lambda,\ D' = E' + F\}$$

は k-加群 L に対応する E の線形系であり，$\Lambda_m \subseteq |E|$ である．このとき，$\Lambda = \Lambda_m + F$ と表して，Λ_m を Λ の**可動部分**という．Λ_m は基点をもたない．すなわち，$\mathrm{Bs}\,\Lambda_m = \emptyset$ である．また，$F \neq 0$ の場合に Λ は固定部分 F をもつという．明らかに，$F = 0 \Leftrightarrow \mathrm{Bs}\,\Lambda = \emptyset$ である．

▣ 例 3.5.7　$C = \mathbb{P}^1$ とする．(X_0, X_1) をその斉次座標とし，$x = \frac{X_1}{X_0}$, $P_\infty = (0, 1)$ とおく．整数 d に対して，$|dP_\infty|$ は d 次の因子全体の集合であり，$|dP_\infty| = \emptyset \quad (d < 0)$ かつ $|dP_\infty| \cong \mathbb{P}^d \quad (d > 0)$．実際，$L(dP_\infty)$ は k 上のベクトル空間 $\{f(x) \in k[x] \mid \deg f(x) \leq d\}$ と同型である．その対応は $D = dP_\infty + (f(x))$ で与えられる．とくに，$x = c_i$ $(c_i \in k)$ で定義される C の相異なる点を P_i $(1 \leq i \leq n)$ とすると，有効因子 $D = \sum_{i=1}^{n} m_i P_i$ $(d = \sum_{i=1}^{n} m_i)$ は $D = dP_\infty + (\xi)$ と表される．ただし，$\xi = \prod_{i=1}^{n} (x - c_i)^{m_i}$ である．

✔ 注意 3.5.8　因子 D に対して，$|D| \neq \emptyset$ と仮定する．D_0 を $|D|$ に属する有効因子として，$D_0 = D + (\xi_0)$ と表す．このとき，有効因子 $D' \in |D|$ を $D' = D + (\xi)$ と表せば，$D' = (D + (\xi_0)) + (\xi\xi_0^{-1}) = D_0 + (\xi\xi_0^{-1})$ と書ける．よって，$L(D_0) = L(D) \cdot \xi_0^{-1}$ かつ $|D_0| = |D|$ となる．したがって，完備線形系 $|D|$ またはその（部分）線形系 Λ を考えるときには，必要ならば始めから $D \geq 0$ と仮定しておいてもよい．

3.6 線形系と有理写像

3.5節と同じ記号を使い，同じ仮定を設ける．線形系 $\Lambda \subseteq |D|$ を取り，Λ を定義する k-加群を L とする．$\dim L = n+1$ $(n \geq 0)$ と仮定する．また，L の基底を一つ取って $\{\xi_0, \xi_1, \ldots, \xi_n\}$ とする．また，この基底に合わせて，$D_i = D + (\xi_i)$ $(0 \leq i \leq n)$ とおく．

ここで，C から n 次元射影空間への写像 $\varphi_\Lambda : C \to \mathbb{P}^n$ を

$$P \in C \mapsto (\xi_0(P), \xi_1(P), \ldots, \xi_n(P)) \in \mathbb{P}^n \tag{3.8}$$

で定義する．実は，$\xi \in k(C)$ だから，(i) どれか $\xi_i(P)$ が定義できないか，(ii) 定義できても $\xi_0(P) = \cdots = \xi_n(P) = 0$ となって，P の像が $\mathbb{P}^n$ の点として定まらないことがある．このような φ を Λ で定義された**有理写像**といって，$\varphi_\Lambda : C \dashrightarrow \mathbb{P}^n$ と書く．(i) が起こるのは次のような場合である．$P \in U_0$ と仮定しよう．$P \in U_1 \cup U_2$ の場合も同様である．(X_0, X_1, X_2) を C がのっている射影平面の斉次座標とし，$x = \frac{X_1}{X_0}, y = \frac{X_2}{X_0}$ とする．$F(X_0, X_1, X_2) = 0$ を C の定義方程式として，$f(x,y) = F(1,x,y)$ とおく．アフィン平面曲線 $C \cap U_0$ の座標環は $k[\overline{x}, \overline{y}] = k[x,y]/(f(x,y))$ である．$k[\overline{x}, \overline{y}]$ のイデアル $\mathfrak{a}_i = \{a \in k[\overline{x}, \overline{y}] \mid a\xi_i \in k[\overline{x}, \overline{y}]\}$ を使うと，$\xi_i(P)$ が定義できないのは $\mathfrak{a}_i \subset \mathfrak{m}_P$ となる場合である．ただし，$\mathfrak{m}_P$ は点 P を定める $k[\overline{x}, \overline{y}]$ の極大イデアルである．(ii) の場合が起こらないための十分条件は次の結果で与えられる．

【補題 3.6.1】 有理写像 $\varphi_\Lambda : C \dashrightarrow \mathbb{P}^n$ は，$P \notin \mathrm{Bs}\,\Lambda$ ならば，点 P で定義されている．このとき，φ_Λ は点 P で**正則**であるという．

証明 局所環 $\mathcal{O}_{C,P}$ において，因子 D は $\alpha = t_P^a$ で定義されている．ここで，t_P は極大イデアル $\mathfrak{m}_{C,P}$ の生成元で，a は D における P の係数である．すると，$\alpha\xi_0, \alpha\xi_1, \ldots, \alpha\xi_n$ は点 P において因子 $D_0, D_1, \ldots, D_n$ を定義している．$v_P(\alpha\xi_i) = a_i$ とおくと，D_i は有効因子だから $a_i \geq 0$ $(\forall\, i)$．しかも，$P \notin \mathrm{Bs}\,\Lambda$ という仮定により，$a_i = 0$ $(\exists\, i)$．実際，Λ に属する有効因子は点 P において，$(c_0, c_1, \ldots, c_n) \neq (0, 0, \ldots, 0)$ という k^{n+1} の元を使って，$c_0\alpha\xi_0 + c_1\alpha\xi_1 + \cdots + c_n\alpha\xi_n$ で定義されている．もし $v_P(\alpha\xi_i) > 0$ $(\forall\, i)$ な

らば，$v_P(c_0\alpha\xi_0+c_1\alpha\xi_1+\cdots+c_n\alpha\xi_n)>0$ となる．すなわち，$P\in \mathrm{Bs}\,\Lambda$ となって，仮定に反する．したがって，$\alpha\xi_i(P)=\alpha\xi_i \pmod{\mathfrak{m}_{C,P}}$ とおくと，

$$\varphi_\Lambda(P)=(\alpha\xi_0(P),\alpha\xi_1(P),\ldots,\alpha\xi_n(P))$$

として定義されている．式 (3.8) において $(\xi_0,\xi_1,\ldots,\xi_n)$ は $\mathbb{P}^n$ の斉次座標だから，$k(C)$ の元を一斉に掛けても割ってもよいことに注意しておこう． □

【系 3.6.2】 $\mathrm{Bs}\,\Lambda=\emptyset$ ならば，$\varphi_\Lambda : C \dashrightarrow \mathbb{P}^n$ は C 上のすべての点で定義されている．

このとき，φ_Λ は**正則写像**であるといい，$\varphi_\Lambda : C\to\mathbb{P}^n$ と書く．

【補題 3.6.3】 補題 3.6.1 の設定の下で，$\varphi:=\varphi_\Lambda$ は C の点 P で定義されていると仮定する．その像を $\overline{P}=\varphi(P)\in\mathbb{P}^n$ とするとき，局所環の準同型写像 $\varphi^*:\mathcal{O}_{\mathbb{P}^n,\overline{P}}\to\mathcal{O}_{C,P}$ が自然に誘導されて $\varphi^*|_k=\mathrm{id}$ かつ $\varphi^*(\mathfrak{m}_{\mathbb{P}^n,\overline{P}})\subseteq\mathfrak{m}_{C,P}$ となる．このとき，φ^* を k 上の**局所環準同型写像**という．

証明 $(X_0,X_1,\ldots,X_n)$ を $\mathbb{P}^n$ の斉次座標とする．$\overline{P}\in U_0=\{X_0\neq 0\}$ と仮定してもよい．$x_i=\frac{X_i}{X_0}$ とおいて，$A=k[x_1,\ldots,x_n]$ とおく．すると，点 $\overline{P}$ は A の極大イデアル M に対応している．補題 3.6.1 の証明の記号で，$\alpha\xi_i\in\mathcal{O}_{C,P}$ である．仮定によって $\alpha\xi_0(P)\neq 0$ だから，$\dfrac{\alpha\xi_i}{\alpha\xi_0}\in\mathcal{O}_{C,P}$ となる．よって，環準同型写像 $\sigma:A\to\mathcal{O}_{C,P}$ を $\sigma(x_i)=\dfrac{\alpha\xi_i}{\alpha\xi_0}$ として定義することができる．$\overline{P}=(1,a_1,\ldots,a_n)$ とおくと，$M=(x_1-a_1,\ldots,x_n-a_n)$ である．このとき，

$$\sigma(x_i-a_i)=\sigma(x_i)-a_i=\frac{\alpha\xi_i}{\alpha\xi_0}-a_i\ .$$

しかるに，$(\alpha\xi_i)(P)=a_i(\alpha\xi_0)(P)$ だから，$\dfrac{\alpha\xi_i}{\alpha\xi_0}-a_i\in\mathfrak{m}_{C,P}$ である．よって，$\sigma(M)\subseteq\mathfrak{m}_{C,P}$ である．これから，σ が k 上の局所環の準同型写像 $\varphi^*:\mathcal{O}_{\mathbb{P}^n,\overline{P}}=A_M\to\mathcal{O}_{C,P}$ を導くことがわかる．とくに，$\varphi^*(MA_M)\subseteq\mathfrak{m}_{C,P}$ を満たすので，φ^* は局所環準同型写像である． □

以下の議論で局所環に関する次の結果を使う．

【補題 3.6.4】 $(R_i, \mathfrak{m}_i)$ $(i = 1, 2)$ を k 上の局所環で $R_i/\mathfrak{m}_i = k$ を満たすものとする．さらに，$(R_1, \mathfrak{m}_1)$ は離散付値環とする．もし局所環準同型写像 $\rho : R_2 \to R_1$ が存在して，$\rho(\mathfrak{m}_2) \not\subseteq \mathfrak{m}_1^2$ を満たせば，ρ から誘導される k-加群の準同型写像 $\rho_n : R_2/\mathfrak{m}_2^{n+1} \to R_1/\mathfrak{m}_1^{n+1}$ はすべての $n \geq 1$ について全射である．とくに，ρ_1 の $\mathfrak{m}_2/\mathfrak{m}_2^2$ への制限を同じ記号で表せば，$\rho_1 : \mathfrak{m}_2/\mathfrak{m}_2^2 \to \mathfrak{m}_1/\mathfrak{m}_1^2$ も全射である．

証明 $(R_2, \mathfrak{m}_2)$ を ρ による像 $(\rho(R_2), \rho(\mathfrak{m}_2))$ で置き換えて，$(R_2, \mathfrak{m}_2)$ は $(R_1, \mathfrak{m}_1)$ の部分局所環であると仮定してよい．このとき $\mathfrak{m}_2 = R_2 \cap \mathfrak{m}_1$ となっている．実際，$\mathfrak{m}_2 \subseteq (R_2 \cap \mathfrak{m}_1)$ は明らかである．$\mathfrak{m}_2 \subsetneq (R_2 \cap \mathfrak{m}_1)$ ならば，$a \in (R_2 \cap \mathfrak{m}_1) \setminus \mathfrak{m}_2$ となる元が存在するが，このとき $a^{-1} \in R_2 \subseteq R_1$ となる．よって，$1 = a \cdot a^{-1} \in \mathfrak{m}_1$ となって矛盾が生じる．仮定によって，$\mathfrak{m}_2 \not\subseteq \mathfrak{m}_1^2$ だから，$\mathfrak{m}_2$ の元 t_2 が存在して，$t_2 \in \mathfrak{m}_1 \setminus \mathfrak{m}_1^2$ となる．$(R_1, \mathfrak{m}_1)$ は離散付値環だから，$\mathfrak{m}_1 = t_2 R_1$ である．すなわち，t_1 を $\mathfrak{m}_1$ の生成元とすれば，R_1 の単元 u が存在して $t_1 = t_2 u$ と表せる．いま，数学的帰納法で $\rho_{n-1} : R_2/\mathfrak{m}_2^n \to R_1/\mathfrak{m}_1^n$ が全射であると仮定しよう．すると，R_1 の任意の元 a に対して R_2 の元 b が存在して，$a - \rho(b) \in \mathfrak{m}_1^n$．ここで，$\rho_n : \mathfrak{m}_2^n/\mathfrak{m}_2^{n+1} \to \mathfrak{m}_1^n/\mathfrak{m}_1^{n+1} = t_1^n(R_1/\mathfrak{m}_1)$ は，$\rho_n(t_2^n \pmod{\mathfrak{m}_2^{n+1}}) = t_1^n u^{-n} \pmod{\mathfrak{m}_1^{n+1}}$ だから，全射である．よって，$b' \in \mathfrak{m}_2^n$ が存在して

$$(a - \rho(b)) - \rho(b') \in \mathfrak{m}_1^{n+1} .$$

すなわち，$a - \rho(b + b') \in \mathfrak{m}_1^{n+1}$．したがって，

$$\rho_n : R_2/\mathfrak{m}_2^{n+1} \to R_1/\mathfrak{m}_1^{n+1}$$

は全射である． □

✔注意 3.6.5 補題 3.6.4 において，環準同型写像 $\rho : R_2 \to R_1$ は必ずしも全射ではない．環 R_1 は ρ を介して R_2-加群と見ることができる．もし R_1 が有限生成 R_2-加群ならば，中山の補題によって，ρ は全射である．ρ が全射にならない例は節末（例 3.6.11）にある．

$(R,\mathfrak{m})$ を局所環とし，M を有限生成 R-加群とする．もし $M=\mathfrak{m}M$ ならば，$M=0$ である．これが**中山の補題**であるが，証明を与えておこう．$M=Rz_1+\cdots+Rz_n$ と表すと，$M=\mathfrak{m}M$ だから，$z_i=a_{i1}z_1+\cdots+a_{in}z_n$ $(1\le i\le n)$ と書けて，$a_{ij}\in\mathfrak{m}$ である．これを行列表示すると，A を n 次正方行列 $A=(a_{ij})$ として，$(E_n-A)\mathbf{z}=\mathbf{0}$ となる．ここで，$\mathbf{z}={}^t(z_1,\ldots,z_n)$ である．$d=\det(E_n-A)$ とし，B を (E_n-A) の随伴行列（最近は余因子行列と呼んでいる本も多い）とすると，$B(E_n-A)=dE_n$ である．よって，$(E_n-A)\mathbf{z}=\mathbf{0}$ の両辺に左から B をかけて，$dz_1=dz_2=\cdots=dz_n=0$ を得る．しかるに，d を計算すると，$d=1+a$, $a\in\mathfrak{m}$ という形をしている．よって，d は R の単元である．よって，$z_1=z_2=\cdots=z_n=0$. すなわち，$M=0$ である．この系として，M が有限生成 R-加群で，M の元 $z_1,z_2,\ldots,z_n$ に対して，$M/\mathfrak{m}M=(R/\mathfrak{m})\overline{z}_1+\cdots+(R/\mathfrak{m})\overline{z}_n$, $\overline{z}_i=z_i \pmod{\mathfrak{m}M}$ となったとすれば，$M=Rz_1+Rz_2+\cdots+Rz_n$ が成立する．実際，$N=Rz_1+Rz_2+\cdots+Rz_n$ とおくと，仮定より $M=N+\mathfrak{m}M$ となる．したがって，商加群 M/N に対して，$M/N=\mathfrak{m}(M/N)$ となる．M が有限生成 R-加群だから，M/N も有限生成 R-加群である．よって，$M/N=0$. すなわち，$M=N$ となる．この最後の結果を使って，R_1 が有限生成 R_2-加群のとき，$\rho: R_2\to R_1$ が全射であることを証明しよう．補題 3.6.4 の証明のようにして，$(R_2,\mathfrak{m}_2)$ は $(R_1,\mathfrak{m}_1)$ の局所部分環であると仮定してもよい．$R_1/\mathfrak{m}_1=R_2/\mathfrak{m}_2$ かつ $\mathfrak{m}_1=\mathfrak{m}_2R_1$ だから，$R_1=R_2+\mathfrak{m}_1=R_2+\mathfrak{m}_2R_1$ となる．よって，$M=R_1, N=R_2$ と取って，$R_1=R_2$ となることがわかる．

線形系 $\Lambda\subseteq|D|$ が定義する有理写像 φ_Λ の性質について調べてみよう．C 上の点 P を取り，

$$\Lambda-P=\{D'\in\Lambda \mid P\in\mathrm{Supp}D'\}$$

とおく．$D'\ge 0$ のときには，$P\in\mathrm{Supp}D'$ を $P\in D'$ と略記する．Λ が $L(D)$ の k-部分加群 L で定義されているとき，

$$L_P=\{\xi\in L \mid D+(\xi)\ni P\}$$

とおくと，L_P は L の部分加群である．実際，$\xi,\eta\in L_P$, $c,d\in k$ とする．$a(P)$ を P の D における係数とすると，$D+(\xi)$ と $D+(\eta)$ における P の係数

は $v_P(t^{a(P)}\xi)$ と $v_P(t^{a(P)}\eta)$ である．ただし，$t = t_P$ は $\mathcal{O}_{C,P}$（すなわち，極大イデアル $\mathfrak{m}_{C,P}$ の）の生成元である．このとき，$c \neq 0$, $d \neq 0$ ならば，

$$v_P(t^{a(P)}(c\xi + d\eta)) \geq \min\{v_P(t^{a(P)}\xi), v_P(t^{a(P)}\eta)\} \geq 1$$

となる．よって，$c\xi + d\eta \in L_P$ である．$c = 0$ または $d = 0$ のときも議論は同様である．よって，L_P は k-加群であり，$\Lambda - P$ は L_P によって定義される線形系である．$\Lambda - P$ は P を基点にもつ．その基点 P を（1回）引いた残りの有効因子がなす線形系を，同じ記号 $\Lambda - P$ で表す．

【補題 3.6.6】 $\mathrm{Bs}\,\Lambda = \emptyset$ と仮定すると，次のことがらが成立する．

(1) C の任意の点 P について，$\Lambda - P \subsetneq \Lambda$. また，$\ell(\Lambda - P) = \ell(\Lambda) - 1$.

(2) 2点 P, Q $(P \neq Q)$ について，$\Lambda - (P + Q) = (\Lambda - P) - Q$ と定義する．C 上の任意の2点 P, Q について，

$$\emptyset \neq \Lambda - (P + Q) \subsetneq \Lambda - P \subsetneq \Lambda$$

という関係式が成立すれば，$\varphi_\Lambda : C \to \varphi_\Lambda(C)$ は全単射である．

証明　(1) $\mathrm{Bs}\,\Lambda = \emptyset$ という仮定から，$\Lambda - P \subsetneq \Lambda$ は明らかである．L の基底を $\{\xi_0, \xi_1, \ldots, \xi_n\}$ とすると，

$$L_P = \left\{ t^{-1} \sum_{i=1}^{n} c_i t^{a(P)} \xi_i \;\middle|\; \left(\sum_{i=0}^{n} c_i t^{a(P)} \xi_i \right)(P) = 0 \right\}$$

である．L_p の次元を求めるには，L_P の双対空間

$$\left\{ (c_0, c_1, \ldots, c_n) \in k^{n+1} \;\middle|\; \left(\sum_{i=0}^{n} c_i t^{a(P)} \xi \right)(P) = 0 \right\}$$

の次元を求めればよい．ここで，$(t^{a(P)}\xi_i)(P) \neq 0$ $(\exists i)$ だから，$(c_0, c_1, \ldots, c_n)$ の間には，ちょうど一つの1次関係式が生じる．したがって，$\dim_k L_P = \dim_k L - 1$. よって，$\ell(\Lambda - P) = \ell(\Lambda) - 1$ となる．

(2) $\varphi := \varphi_\Lambda : C \to \varphi_\Lambda(C)$ が全単射であることを示すには，$P \neq Q$ ならば $\varphi(P) \neq \varphi(Q)$ を示せばよい．(1) によって，L の基底を次の条件を満たすように取り替えられる．

(i) $(t^{a(P)}\xi_i)(P) = (t^{a(P)}\xi_i)(Q) = 0, \quad 0 \leq i \leq n-2.$

(ii) $(t^{a(P)}\xi_{n-1})(P) = 0, \ (t^{a(P)}\xi_n)(P) \neq 0.$

このとき, $\{\xi_0, \ldots, \xi_{n-1}\}$ は L_P の基底である．すると, $\varphi(P) = (0, 0, \ldots, 0, 1)$ となる．もし $\varphi(Q) = (0, 0, \ldots, 0, 1)$ ならば，$(t^{a(P)}\xi_{n-1})(Q) = 0$ となって，$(\Lambda - P) - Q \subsetneq \Lambda - P$ という仮定に矛盾する． □

【補題 3.6.7】 $\mathrm{Bs}\,\Lambda = \emptyset$ と仮定する．$\Lambda - 2P := (\Lambda - P) - P \subsetneq \Lambda - P$ ならば，補題 3.6.3 の記号で，$\varphi^* : \mathfrak{m}_{\mathbb{P}^n, \overline{P}}/\mathfrak{m}^2_{\mathbb{P}^n, \overline{P}} \to \mathfrak{m}_{C,P}/\mathfrak{m}^2_{C,P}$ は全射である．

証明　Λ の基底 $\{\xi_0, \xi_1, \ldots, \xi_n\}$ を $\{\xi_1, \ldots, \xi_n\}$ が L_P の基底となるように取り替えておく．すると，$\overline{P} = (1, 0, \ldots, 0)$ で，$\mathcal{O}_{\mathbb{P}^n, \overline{P}} = k[x_1, \ldots, x_n]_{(x_1, \ldots, x_n)}$ である．このとき，$\Lambda - 2P \subsetneq \Lambda - P$ より，$\varphi^*(x_1), \ldots, \varphi^*(x_n)$ がすべて $\mathfrak{m}^2_{C,P}$ に入ることはない．よって，補題 3.6.4 により

$$\varphi^* : \mathfrak{m}_{\mathbb{P}^n, \overline{P}}/\mathfrak{m}^2_{\mathbb{P}^n, \overline{P}} \longrightarrow \mathfrak{m}_{C,P}/\mathfrak{m}^2_{C,P}$$

は全射である． □

以上の結果をまとめると次の結果になる．

【定理 3.6.8】 C を非特異射影平面曲線とし，Λ を空でない線形系とする．さらに，Λ が次の 3 条件

(1) $\mathrm{Bs}\,\Lambda = \emptyset.$

(2) C の任意の 2 点 $P, \ Q \ \ (P \neq Q)$ に対して

$$\Lambda - (P + Q) \subsetneq \Lambda - P \subsetneq \Lambda.$$

(3) C の任意の点 P に対して

$$\Lambda - 2P \subsetneq \Lambda - P.$$

を満たせば，C は $\varphi_\Lambda : C \to \mathbb{P}^n \ (n = \dim \Lambda)$ によって，像 $\varphi_\Lambda(C)$ と同一視できる．

C と $\varphi_\Lambda(C)$ は**同型**であるという．また，C は $\mathbb{P}^n$ に**埋め込まれている**という．ここで，φ_Λ の定義に使われた $\{\xi_0, \xi_1, \ldots, \xi_n\}$ は，Λ を定義する k-加群 L の基底だから，1次独立である．したがって，φ_Λ は $\mathbb{P}^n$ のどんな超平面にも含まれていない．なぜならば，φ_Λ が超平面 H に含まれていて，H の定義方程式が $c_0X_0 + c_1X_1 + \cdots + c_nX_n = 0$ ならば，$(c_0, c_1, \ldots, c_n) \neq (0, 0, \ldots, 0)$ だから，C 上の有理関数の自明でない1次関係式 $c_0\xi_0 + c_1\xi_1 + \cdots + c_n\xi_n = 0$ が得られるからである．

証明　厳密な証明は本書の枠を超えるので，証明の概略を述べるにとどめる．補題3.6.6によって，$\varphi := \varphi_\Lambda : C \to \overline{C} := \varphi(C)$ は全単射である．このことから C と $\overline{C}$ が**双有理**であることが導かれる．すなわち，有理関数の φ による引き戻し $\varphi^* : k(\overline{C}) \to k(C)$，$\varphi^*(\eta) = \eta \cdot \varphi$ が体の同型写像を与えている．C の点 P とその像 $\overline{P} = \varphi(P)$ について，$R_1 = \mathcal{O}_{C,P}$，$R_2 = \mathcal{O}_{\overline{C},\overline{P}}$ とおくと，$\varphi^* : k(\overline{C}) \to k(C)$ は局所環の局所準同型写像

$$\rho := \varphi^* : R_2 \to R_1$$

を与える．$\varphi^* : k(\overline{C}) \to k(C)$ が同型写像だから，ρ も単射である．よって，R_2 は R_1 の部分局所環である．$\mathfrak{m}_1 = \mathfrak{m}_{C,P}$，$\mathfrak{m}_2 = \mathfrak{m}_{\overline{C},\overline{P}}$ とすれば，補題3.6.7により $\rho(\mathfrak{m}_2) \not\subset \mathfrak{m}_1^2$ となる．実は，C が射影代数曲線であり φ が全単射であることから，R_1 は有限生成 R_2-加群であることが導かれる．よって，注意3.6.5により，$\rho : R_2 \to R_1$ は同型写像になる．これらのことから，$\overline{C}$ の局所環と $k(C)$ の離散付値環の間に1対1対応が存在することになり，$\overline{C}$ と C は同一視してもよい．　□

■ **例 3.6.9**　$C = \mathbb{P}^1$ とする．例3.5.7の記号を使って，$\Lambda = |nP_\infty|$ とする．このとき，任意の点 P, Q に対して

$$\text{(i)}\ \ \Lambda - P = |(n-1)P_\infty|, \qquad \text{(ii)}\ \ \Lambda - (P+Q) = |(n-2)P_\infty|$$

である．$\dim|nP_\infty| = n$ だから，$\dim(\Lambda - (P+Q)) = n-2$，$\dim(\Lambda - 2P) =$

$n-2$ が成り立つ．よって，

$$\varphi_\Lambda : \mathbb{P}^1 \to \mathbb{P}^n$$

によって，$C = \mathbb{P}^1$ は $\varphi_\Lambda(C) = \overline{C}$ と同一視できる．$\overline{C}$ のことを $\mathbb{P}^n$ における**捩れ n 次有理曲線**という．実は，$\mathbb{P}^n$ に含まれる非特異射影有理曲線 B がどの超平面にも含まれないならば，$\mathbb{P}^n$ の射影変換 σ が存在して $\overline{C} = \sigma(B)$ となる．

■ **例 3.6.10**　$C = \mathbb{P}^1$ とする．C 上の非斉次座標を x の代わりに t で表す．$\Lambda \subset |3P_\infty|$ を k-加群 $L = k\cdot 1 + k\cdot t^2 + k\cdot t^3$ で定義された線形系とする．すると，$\varphi_\Lambda : C \to \mathbb{P}^2$ による C の像 $\overline{C}$ は斉次座標で $(1, t^2, t^3)$ によって与えられる．したがって，$\overline{C}$ の定義方程式は $X_0X_2^2 - X_1^3 = 0$ である．$x = \frac{X_1}{X_0}$，$y = \frac{X_2}{X_0}$ とおけば，$\overline{C} \cap U_0$ の定義方程式は $y^2 = x^3$ である．したがって，点 $\overline{P}_0 = (1,0,0)$ は $\overline{C}$ の特異点である．$t = 0$ で定まる C の点を P_0 とおくと，$\overline{P}_0 = \varphi_\Lambda(P_0)$ である．ここで，局所環準同型写像 $\varphi^* : \mathcal{O}_{\overline{C},\overline{P}_0} \to \mathcal{O}_{C,P_0}$ は単射であるが全射ではない．実際，$\varphi^*(\mathfrak{m}_{\overline{C},\overline{P}_0}) \subseteq \mathfrak{m}_{C,P_0}^2$ となっている．ただし，$\varphi_\Lambda : C \to \overline{C}$ は全単射で，どの局所環準同型写像 $\varphi^* : \mathcal{O}_{\overline{C},\overline{P}} \to \mathcal{O}_{C,P}$，$\overline{P} = \varphi_\Lambda(P)$ も，$\mathcal{O}_{C,P}$ を有限生成 $\mathcal{O}_{\overline{C},\overline{P}}$-加群にしている．

■ **例 3.6.11**　例 3.6.10 において，$\Lambda \subset |3P_\infty|$ として k-加群 $L = k\cdot 1 + k\cdot(1-t^2) + k\cdot(t-t^3)$ で定義される線形系とする．すると，$\varphi_\Lambda : C \to \overline{C} \subset \mathbb{P}^2$ において，C の像 $\overline{C}$ は，t をパラメータとして，斉次座標 $(1, 1-t^2, t-t^3)$ で与えられる．よって，$\overline{C}$ の定義方程式は，$x = 1-t^2, y = t-t^3$ から t を消去して，$y^2 = x^2 - x^3$ である．斉次座標で書くと，$X_0X_2^2 - X_0X_1^2 + X_1^3 = 0$ である．このとき，φ_Λ は全単射ではない．実際，$t = 1$，$t = -1$ で定義される C の点を P_1，P_{-1} とすると，$\varphi_\Lambda(P_1) = \varphi_\Lambda(P_{-1}) = (1,0,0)$ である．$R_1 = \mathcal{O}_{C,P_1}, R_2 = \mathcal{O}_{\overline{C},\overline{P}_1}$ とすると，$\varphi^*(\mathfrak{m}_2) \not\subseteq \mathfrak{m}_1^2$ が成立する．ここで，$\mathfrak{m}_1 = \mathfrak{m}_{C,P_1}$，$\mathfrak{m}_2 = \mathfrak{m}_{\overline{C},\overline{P}_1}$ である．ただし，$\varphi^* : R_2 \to R_1$ は全射でなく，したがって，R_1 は有限生成 R_2-加群でもない．同様のことは $\mathcal{O}_{C,P_1}$ を $\mathcal{O}_{\overline{C},\overline{P}_{-1}}$ に置き換えても言える．

3.7 微分加群と標準因子

k 上の1**変数代数関数体** K は，定義によって，k 上超越次数1の有限生成拡大体である．よって，x を k 上の変数として，K は有理関数体 $k(x)$ の有限次代数拡大体である．k の標数は0と仮定しているから，K は $k(x)$ の単純拡大体 $k(x)(y) = k(x, y)$ となっている（[4] の補題6.4.1を参照）．ただし，y は代数方程式

$$\begin{aligned} a_0(x)y^n + a_1(x)y^{n-1} + \cdots + a_n(x) = 0, \\ \forall\ a_i(x) \in k[x], \quad a_0(x) \neq 0 \end{aligned} \tag{3.9}$$

を満たしている．ここで，次数 n を最小に取っておく．この方程式 (3.9) を

$$\begin{aligned} &(a_0(x)y)^n + a_1(x)(a_0(x)y)^{n-1} + \cdots \\ &+ a_i(x)a_0(x)^{n-1-i}(a_0(x)y)^i + \cdots + a_0(x)^{n-1}a_n(x) = 0 \end{aligned}$$

と書きなおし，$a_0(x)y$ を新しく y とすれば，最高次の係数 $a_0(x)$ を1と仮定することができる．n を最小に取っているから，(3.9) は $k(x)$ 上既約な方程式である．よって，(3.9) を既約アフィン平面代数曲線 C_0 の定義方程式と見なすことができる．(3.9) の左辺を $f(x, y)$ と書いて，$f(x, y)$ を斉次多項式

$$F(X_0, X_1, X_2) = X_0^d f\left(\frac{X_1}{X_0}, \frac{X_2}{X_0}\right), \quad d = \deg f(x, y)$$

に直す．$F(X_0, X_1, X_2) = 0$ で定まる d 次射影平面曲線を C とおけば，$C_0 = C \cap U_0$ となっている．すなわち，k 上の1変数代数関数体 K は，ある射影平面代数曲線 C の関数体 $k(C)$ と見なすことができる．ただし，C は必ずしも非特異射影平面曲線としては取れない[2)]．

[2)] 後で導入する非特異射影曲線の種数 g を使う．C が非特異射影平面曲線ならば，C の次数（すなわち，定義方程式の次数）を d として，$g = \dfrac{1}{2}(d-1)(d-2)$ と与えられる．これから，g が与えられると，次数 d は不定方程式 $d^2 - 3d + 2 - 2g = 0$ を解いて得られる．自然数解が存在するためには判別式 $D = 9 - 4(2 - 2g) = 8g + 1$ が平方数でなければならない．例えば，$g = 2$ に対して $D = 17$ となって，これは平方数ではない．よって，非特異射影代数曲線は非特異射影平面曲線として必ずしも実現できない．

K の各元 f に形式的に $D(f)$ を対応させて，K-加群 $\widetilde{\Omega}(K)$ を $\{D(f) \mid f \in K\}$ で K 上生成された自由 K-加群とする．すなわち，$\widetilde{\Omega}(K)$ の元は有限和 $\displaystyle\sum_{f\in K} a_f D(f)$ で，$\displaystyle\sum_{f\in K} a_f D(f) = 0 \ \Leftrightarrow\ a_f = 0 \ \ (\forall\ f \in K)$ となっている．加法と K の元との乗法は

(i) $\displaystyle\sum_{f\in K} a_f D(f) + \sum_{f\in K} b_f D(f) = \sum_{f\in K} (a_f + b_f) D(f)$,

(ii) $\displaystyle\lambda \cdot \sum_{f\in K} a_f D(f) = \sum_{f\in K} \lambda a_f D(f), \quad \lambda \in K$

によって定義されている．$\widetilde{\Omega}(K)$ の部分 K-加群 $R(K)$ を次の和集合

$$\{D(c) \mid c \in k\} \cup \{D(f+g) - D(f) - D(g) \mid f, g \in K\}$$
$$\cup \ \{D(fg) - fD(g) - gD(f) \mid f, g \in K\}$$

の元によって生成されたものとする．商加群 $\widetilde{\Omega}(K)/R(K)$ を $\Omega_{K/k}$ と表して，K の**微分加群**という．$D(f)$ の剰余類を df（または $d(f)$）と書くことにすれば，$\Omega_{K/k}$ は次の性質

(i) $dc = 0 \ \ (\forall\ c \in k)$,

(ii) $d(f+g) = d(f) + d(g), \quad d(fg) = fd(g) + gd(f), \quad f, g \in K$

を満たしている．$f \in K$ に対して，df を f の**微分**または**微分形式**という．すると，$d : K \to \Omega_{K/k}$ は k-加群の準同型写像である．また，$\mathrm{Ker}\, d = k$ である．

これを証明する．K を有理関数体 $k(x)$ の有限次代数拡大体とする．$df = 0$ と仮定して，f の最小多項式を $\Phi(T)$ とすると，

$$\Phi(f) = f^n + \alpha_1(x) f^{n-1} + \cdots + \alpha_n(x) = 0, \quad \alpha_i(x) \in k(x)$$

となる．この式を微分して

$$\begin{aligned} &\left(nf^{n-1} + (n-1)\alpha_1(x) f^{n-2} + \cdots + \alpha_{n-1}(x)\right) df \\ &+ \left(\alpha_1'(x) f^{n-1} + \alpha_2'(x) f^{n-2} + \cdots + \alpha_n'(x)\right) dx = 0 \end{aligned} \tag{3.10}$$

を得るが，$df = 0$ という仮定より，$\alpha_1'(x) f^{n-1} + \alpha_2'(x) f^{n-2} + \cdots + \alpha_n'(x) = 0$.

f の最小多項式 $\Phi(T)$ の次数が n という仮定により，$\alpha_1'(x) = \alpha_2'(x) = \cdots = \alpha_n'(x) = 0$．よって，$\alpha_1(x), \ldots, \alpha_n(x) \in k$．（これは演習問題として証明せよ．）すると，$f$ は k 上代数的だから，$f \in k$ となる．

【補題 3.7.1】　K-加群 $\Omega_{K/k}$ は Kdx に同型である．

証明　$f \in K$ とする．f の $k(x)$ 上の最小多項式を $\Phi(T) = T^n + \alpha_1(x)T^{n-1} + \cdots + \alpha_n(x)$ とすると，$\Phi(f) = 0$ である．(3.10) における計算によって，

$$df = -\left(\frac{\alpha_1'(x)f^{n-1} + \alpha_2'(x)f^{n-2} + \cdots + \alpha_n'(x)}{nf^{n-1} + (n-1)\alpha_1(x)f^{n-2} + \cdots + \alpha_{n-1}(x)}\right)dx.$$

ここで，$\Phi(T)$ が f の最小多項式だから，分母は0ではない．また，$\alpha_i(x)$ は x の有理式だから，$\alpha_i(x) = \dfrac{g(x)}{h(x)}$，$g(x), h(x) \in k[x]$ と表しておくと，

$$d\alpha_i(x) = \frac{h(x)g'(x) - h'(x)g(x)}{h^2(x)}dx = \alpha_i'(x)dx$$

となることを使っている．よって，$df \in Kdx$ である．　□

C を非特異射影平面曲線とする．$K = k(C)$ として，$\Omega_{K/k}$ の非零元 ω を一つ取る．C の各点 P について，離散付値環 $\mathcal{O}_{C,P}$ の生成元を $t = t_P$ と取ると，K は $k(t)$ の代数拡大体になっている．したがって，$\Omega_{K/k} = Kdt$ と書ける．とくに，$\omega = f_P dt_P$ と表せる．$f_P \in K$ だから，$v_P(f_P)$ を考えて，

$$(\omega) = \sum_{P \in C} v_P(f_P)P$$

とおく．

【補題 3.7.2】　(ω) は C 上の因子である．

証明　C の定義方程式を $F(X_0, X_1, X_2) = 0$ とすると，$C \cap U_0$ の定義方程式は $f(x, y) = F(1, x, y) = 0$ である．ここで，

$$f(x, y) = a_0(x)y^d + a_1(x)y^{d-1} + \cdots + a_{n-1}(x)y + a_n(x), \quad a_i(x) \in k[x]$$

とする．必要ならば射影変換を行って，$d = \deg F(X_0, X_1, X_2), a_0(x) \in k^*$ と仮定してもよい．このとき，$C \cap U_0$ の有限個の点を除いて，点 $P \in C \cap U_0$

における$\mathcal{O}_{C,P}$の生成元t_Pとして$x-a$, $a \in k$が取れる．（補題2.3.1の証明のように，$f(x,y)$の$(x-a, y-b)$に関するテーラー展開を考えよ．）ただし，$P=(a,b)$と考えている．すると，$d(x-a)=dx$だから，$\omega=\xi dx$, $\xi \in k(C)$と表したとき，Cから有限個の点を除いたすべての点Pで，$f_P=\xi$と考えてよい．したがって，Cの有限個の点を除いて(ω)と(ξ)は一致する．よって，(ω)は有限和であり，因子である． □

ω'を$\Omega_{K/k}$の別の非零元とすれば，$\omega' = f\omega$と表される．ただし，$f \in K, f \neq 0$である．したがって，$\omega' = g_P dt_P$と書けば，$g_P = f \cdot f_P$．したがって，

$$(\omega') = (\omega) + (f)$$

となるから，$(\omega') \sim (\omega)$．この因子(ω)をCの**標準因子**という．標準因子は線形同値を除いて，Cからただ一通りに定まる．この同値類に属する因子を一つ取って標準因子と呼び，K_Cで表す．ここで，関数体のKと標準因子K_CのKを混同しないように注意しよう．また，$L(K_C)$の次元$\ell(K_C)$をgまたは$g(C)$と書いて，Cの**種数**という．

▣ 例 3.7.3 $C=\mathbb{P}^1$とする．Cの非斉次座標をxとすると，$k(C)=k(x)$だから，$\Omega_{k(C)/k}=k(C)dx$である．斉次座標(X_0, X_1)を使うと，$U_0=\mathbb{A}^1$で，その点Pは$x=c$で定義され，$\mathcal{O}_{C,P}$の生成元は$x-c$である．そこで，$\omega=dx$とおくと，$v_P(\omega)=0$である．$P=P_\infty=(0,1)$では，$y=\dfrac{1}{x}$が$\mathcal{O}_{C,P_\infty}$の生成元である．$\omega=dx=-\dfrac{1}{y^2}dy$だから，$v_{P_\infty}(\omega)=-2$である．よって，$K_C=-2P_\infty$．したがって，$L(K_C)=0$．すなわち，$C$の種数は0である．

d次の非特異射影平面曲線Cの定義方程式を$F(X_0,X_1,X_2)=0$とし，$C\cap U_0$の定義方程式を$f(x,y)=F(1,x,y)=0$とする．点$P(a,b)$を$C\cap U_0$の点とする．定義方程式$f(x,y)=0$を微分すると，

$$f_x dx + f_y dy = 0$$

という等式が得られるから，微分

$$\omega = \frac{dx}{f_y} = -\frac{dy}{f_x} \tag{3.11}$$

が考えられる．C は非特異だから，$f_x(P) \neq 0$ または $f_y(P) \neq 0$ となる．$f_y(P) \neq 0$ ならば，$x - a$ は $\mathcal{O}_{C,P}$ の生成元であり，$f_x(P) \neq 0$ ならば，$y - b$ が $\mathcal{O}_{C,P}$ の生成元になる．（補題 2.3.1 の証明を参照せよ．）したがって，ω の表示式

$$\omega = \begin{cases} -\dfrac{dy}{f_x} & (f_x(P) \neq 0 \text{ の場合}) \\ \dfrac{dx}{f_y} & (f_y(P) \neq 0 \text{ の場合}) \end{cases}$$

を見て，(ω) は $C \cap U_0$ 上に零も極ももたないことがわかる．すなわち，$(\omega)|_{C \cap U_0} = 0$ である．

次に，直線 $\ell_\infty = \{X_0 = 0\}$ 上の C の点で考えて，$C \cap \ell_\infty = \{P_1, \ldots, P_m\}$ かつ $\mu_i = i(C, \ell_\infty; P_i)$ とすると，ベズーの定理より $\displaystyle\sum_{i=1}^{m} \mu_i = d$ となる．このとき，次の結果がある．

【補題 3.7.4】 上の設定の下で，等式

$$(\omega) = \sum_{i=1}^{m} \mu_i (d-3) P_i$$

が成立する．

証明 P を $\{P_1, \ldots, P_m\}$ に属するどれかの点とする．P は U_1 の点と仮定しよう．P が U_2 の点となる場合も議論は同様である．$P = (\alpha, 1, \beta)$ ならば，射影変換

$$\begin{pmatrix} X_0' \\ X_1' \\ X_2' \end{pmatrix} = \begin{pmatrix} 1 & -\alpha & 0 \\ 0 & 1 & 0 \\ 0 & -\beta & 1 \end{pmatrix} \begin{pmatrix} X_0 \\ X_1 \\ X_2 \end{pmatrix}$$

によって，$P=(0,1,0)$ と仮定してもよい．ここで，$u=\frac{X_0}{X_1}, v=\frac{X_2}{X_1}$ とおくと，$\mathcal{O}_{C,P}$ において v が生成元であり，$u=v^\mu s$，$s\in\mathcal{O}_{C,P}^*$ となる．さらに，$C\cap U_1$ の定義式 $g(u,v)$ は

$$\begin{aligned} g(u,v) &= F(u,1,v)\\ &= \frac{X_0^d}{X_1^d}F(1,x,y) = u^d f(x,y) \end{aligned}$$

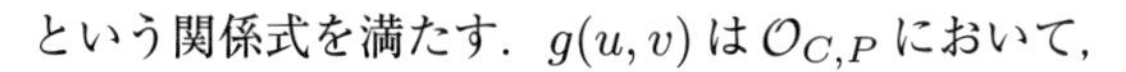
という関係式を満たす．$g(u,v)$ は $\mathcal{O}_{C,P}$ において，

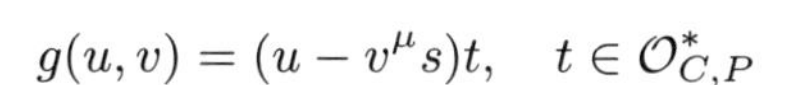
$$g(u,v)=(u-v^\mu s)t, \quad t\in\mathcal{O}_{C,P}^*$$

となっているから，$g_u(P)\neq 0$ である．

$\omega = -\dfrac{dy}{f_x}$ を $Hdv \quad (H\in k(C))$ の形に表そう．計算は次のようになる．$d(u-v^\mu s)=0$ より

$$du = \mu v^{\mu-1}sdv + v^\mu(s_u du + s_v dv)$$

となるから，

$$du = \frac{v^{\mu-1}(\mu s + s_v v)}{1-s_u v^\mu}dv$$

である．さらに，

$$\begin{aligned} dy &= d\left(\frac{v}{u}\right) = \frac{dv}{u} - \frac{v}{u^2}du\\ &= \frac{\{(1-\mu) - s^{-1}s_v v - s_u v^\mu\}}{u(1-s_u v^\mu)}dv,\\ f_x &= \frac{df}{dx} = \frac{d(u^{-d}g)}{du}\frac{du}{dx} + \frac{d(u^{-d}g)}{dv}\frac{dv}{dx}\\ &= \{-du^{-d-1}g + u^{-d}g_u\}(-u^2) + u^{-d}g_v(-uv)\\ &= -u^{-d+1}(vg_v + ug_u) \quad (\because \quad g(u,v)=0). \end{aligned}$$

ここで，$g=(u-v^\mu s)t$ だから，

$$g_v = (-\mu v^{\mu-1}s - v^\mu s_v)t, \quad g_u = (1-v^\mu s_u)t\ .$$

したがって，

$$f_x = -u^{-d+1}(-\mu v^{\mu}s - v^{\mu+1}s_v + u - uv^{\mu}s_u)t$$
$$= -u^{-d+2}\left\{(1-\mu) - s^{-1}s_v v - s_u v^{\mu}\right\}t\ .$$

よって，

$$\omega = -\frac{dy}{f_x} = \frac{dv}{u^{-d+3}t(1-s_u v^{\mu})} = \frac{u^{d-3}dv}{t(1-s_u v^{\mu})}$$
$$= v^{\mu(d-3)}\left(\frac{s^{d-3}}{t(1-s_u v^{\mu})}\right)dv\ .$$

以上の計算から，$v_P(\omega) = \mu(d-3)$ となることがわかる． □

D を $\mathbb{P}^2$ の C と異なる既約射影平面代数曲線とする．$C \cap D$ は有限集合であるが，$P \in C \cap D$ について，C と D を点 P において定義する $\mathcal{O}_{\mathbb{P}^2,P}$ の元をそれぞれ f_P と g_P とすると，

$$i(C,D;P) = \dim_k \mathcal{O}_{\mathbb{P}^2,P}/(f_P, g_P) = \dim_k \mathcal{O}_{C,P}/(\overline{g}_P) = v_P(\overline{g}_P).$$

ただし，$\overline{g}_P = g_P \pmod{f_P \mathcal{O}_{\mathbb{P}^2,P}}$ である．ここで，$v_P(\overline{g}_P)$ を $v_P(g_P)$ と略記して，C 上の因子 $C \cdot D$ を

$$C \cdot D = \sum_{P \in C \cap D} v_P(g_P)P$$

で定義する．また，m が整数ならば，$C \cdot (mD) = mC \cdot D$ と定義する．すると，補題3.7.4の証明によって，次の結果が成立することがわかる．

【系 3.7.5】　$K_C = C \cdot (d-3)\ell_\infty$ である．とくに，$\deg K_C = d(d-3)$.

次の結果は**リーマン・ロッホ**[3] **の定理**と呼ばれる，代数曲線に関する最も重要な結果であるが，証明は本書の枠を外れるので省略する．実は，非特異射影代数曲線上の因子を C 上の直線束または可逆層に対応させる理論がある．これらのコホモロジー論と双対理論を使えば見通しの良い，優れた証明が可能である．詳細については [5] の第 III 部第1章を参照されたい．

[3] Riemann-Roch

【定理 3.7.6】 C を非特異射影平面曲線とし，g をその種数とする．D を C 上の因子とすると，次の等式

$$\ell(D) - \ell(K_C - D) = \deg D + 1 - g$$

が成立する．

この定理のいくつかの応用を挙げておこう．

【系 3.7.7】 C を d 次の非特異射影平面曲線とすると，$\deg K_C = 2g - 2$. よって，

$$g = \frac{1}{2}(d-1)(d-2)\ .$$

証明 $\ell(K_C) = g$, $\ell(0) = 1$ だから，リーマン・ロッホの定理より，$\deg K_C = 2g - 2$. 他方，系 3.7.5 により，$\deg K_C = d(d-3)$. したがって，

$$g = \frac{1}{2}d(d-3) + 1 = \frac{1}{2}(d-1)(d-2).$$

□

【系 3.7.8】 D を C 上の因子として，$\deg D > 2g - 2$ とすると，

$$\ell(D) = \deg D + 1 - g \geq g.$$

証明 $\deg(K_C - D) = 2g - 2 - \deg D < 0$ だから，$\ell(K_C - D) = 0$. したがって，リーマン・ロッホの定理より，結論が導かれる． □

【系 3.7.9】 D を C 上の因子として $\deg D > 2g$ とすると，線形系 $|D|$ によって与えられる有理写像

$$\varphi_{|D|} : C \to \mathbb{P}^n, \quad n = \ell(D) - 1$$

は C から $\mathbb{P}^n$ への埋め込みを与える．

証明 定理 3.6.8 の 3 条件が成立することを確かめればよい．まず，$\deg(D - P) > 2g - 1$ だから，系 3.7.8 により

$$\ell(|D| - P) = \deg(D - P) + 1 - g = \deg D - g = \ell(D) - 1.$$

同様に，$\deg(D-P-Q) > 2g-2$ だから，

$$\begin{aligned}\ell(|D|-P-Q) &= \deg(D-P-Q)+1-g \\ &= \ell(D)-2.\end{aligned}$$

ここで，$P=Q$ でも同じ等式が成立する．したがって，3条件が満たされている． □

第 4 章
代数曲線のいろいろ

この章では非特異射影代数曲線を射影平面曲線の特異点解消として定義する．そのうえで，種数が 0 や 1 の場合を考える．種数 0 の場合が有理曲線で射影直線 $\mathbb{P}^1$ に同型となる．種数 1 の場合は 3 次の非特異射影平面曲線と同型になり，楕円曲線と呼ばれる．楕円曲線上には因子の線形同値を使って群構造が導入できる．他にも，超楕円曲線やジャコビアン多様体についてふれる．

4.1 射影平面のブローイング・アップ

$\mathbb{P}^2$ 上の点 P_0 を任意に取ってくる．適当な射影変換によって，$P_0 \in U_0$ かつ $P_0 = (x = 0, y = 0)$ と仮定することができる．このとき，$\mathbb{P}^2$ から点 P_0 を取り去って，代わりに射影直線 $\mathbb{P}^1$ を埋め込むことを考える．

$\mathbb{P}^2 = U_0 \cup \ell_\infty$ に注意して，$\widetilde{U}_0 \subset U_0 \times \mathbb{P}^1$ を

$$\widetilde{U}_0 = \{((x, y), (t_0 : t_1)) \mid xt_1 - yt_0 = 0\}$$

と定義する．ただし，(t_0, t_1) は $\mathbb{P}^1$ の斉次座標である．さらに，$V = \widetilde{U}_0 \cup \ell_\infty$ とおいて，写像 $\pi : V \to \mathbb{P}^2$ を，

$$\pi|_{\widetilde{U}_0} : ((x, y), (t_0 : t_1)) \mapsto (x, y)$$
$$\pi|_{\ell_\infty} = \mathrm{id}_{\,\ell_\infty}$$

と定義する．点 $Q = (x = a, y = b)$ を $Q \neq P_0$ と取れば，$a \neq 0$ または

$b \neq 0$である．このとき，関係式$xt_1 - yt_0 = 0$に$x = a, y = b$を代入して，$(t_0 : t_1) = (a : b)$と定まる．しかるに，P_0上では$x = y = 0$だから，関係式$xt_1 - yt_0 = 0$はt_0とt_1の間に何の関係も与えない．したがって，$\pi^{-1}(P_0) = \mathbb{P}^1$と考えられる．また，$\pi : \widetilde{U}_0 \setminus \mathbb{P}^1 \to U_0 \setminus \{P_0\}$は全単射である[1]．この写像$\pi : V \to \mathbb{P}^2$（または$V$）を点$P_0$（または点$P_0$を**中心**とする$\mathbb{P}^2$の）**ブローイング・アップ**という．また，$\pi^{-1}(P_0)$を$\pi$の**例外曲線**という．その概念図を次のように表す．

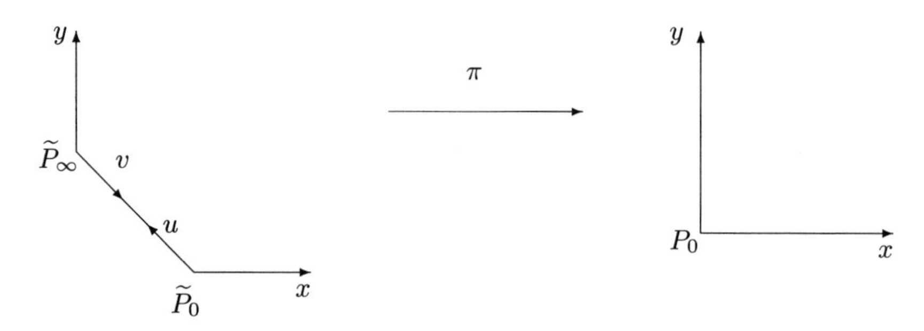

ただし，$u = \dfrac{t_1}{t_0} = \dfrac{y}{x}$, $v = \dfrac{t_0}{t_1} = \dfrac{x}{y}$である．また，$\widetilde{P}_0$は斉次座標$(t_0, t_1)$に関して$(1, 0)$と与えられ，$\widetilde{P}_\infty$は$(0, 1)$と与えられる．$\pi^{-1}(P_0) = \mathbb{P}^1$の点$\widetilde{P}_c = (1, c)$は$U_0$の点$P_0$を通る直線$y = cx$の傾きに対応している．とくに，点$(1, 0)$は$x$軸に，点$(0, 1)$は$y$軸に対応している．$\mathbb{P}^1$の任意の点$\widetilde{P}_c$　$(c \in k \cup (\infty))$をU_0の点P_0の**第1位無限小近傍点**という．U_0の点P_0における局所環$\mathcal{O}_{U_0, P_0}$の極大イデアルは$\{x, y\}$で生成されているが，$c \in k$のとき$\widetilde{P}_c$の局所環$\mathcal{O}_{\widetilde{U}_0, \widetilde{P}_c}$の極大イデアルは$\{x, u - c\}$で生成され，$\mathcal{O}_{\widetilde{U}_0, \widetilde{P}_\infty}$は$\{y, v\}$で生成されている．

✔注意 4.1.1　(1)　以上の議論は座標の選び方に本質的に関係しない．点P_0の局所環$\mathcal{O}_{U_0, P_0}$の極大イデアルが$\{x', y'\}$で生成されているとする．この生成系を点P_0における**局所座標**という．このとき，$\mathcal{O}_{U_0, P_0}$の元$\alpha, \beta, \gamma, \delta$で$\alpha\delta - \beta\gamma \in \mathcal{O}^*_{U_0, P_0}$となるものが存在して，

---

1) 実際は，πは代数多様体$\widetilde{U}_0 \setminus \mathbb{P}^1$と$U_0 \setminus \{P_0\}$の間の同型を与えている．ここでは，$\widetilde{U}_0 \setminus \mathbb{P}^1$と$U_0 \setminus \{P_0\}$の対応する点$\widetilde{Q}$と$Q = \pi(\widetilde{Q})$に対して，局所環の間にある局所環準同型写像$\pi^* : \mathcal{O}_{U_0, Q} \to \mathcal{O}_{\widetilde{U}_0, \widetilde{Q}}$が同型写像になっているという理解でよい．

$$\begin{cases} x' = \alpha x + \beta y \\ y' = \gamma x + \delta y \end{cases}$$

と表される．$\widetilde{U}_0 = \{((x,y),(t_0,t_1)) \mid xt_1 - yt_0 = 0\}$ の代わりに，$\widetilde{U}'_0 = \{((x',y'),(t'_0,t'_1)) \mid x't'_1 - y't'_0 = 0\}$ を取ると，$Q \in U_0 \setminus \{P_0\}$，$Q = (x = a, y = b)$ に対して，$\widetilde{U}_0$ の点 $((a,b),(a:b))$ と $\widetilde{U}'_0$ の点

$$((\alpha(P_0)a + \beta(P_0)b, \gamma(P_0)a + \delta(P_0)b), (\alpha(P_0)a + \beta(P_0)b : \gamma(P_0)a + \delta(P_0)b))$$

が対応する．$(\alpha(P_0)a+\beta(P_0)b, \gamma(P_0)a+\delta(P_0)b)$ は座標変換に過ぎないから，同じ点 Q を表し，比 $(\alpha(P_0)a+\beta(P_0)b : \gamma(P_0)a+\delta(P_0)b)$ は $\mathbb{P}^1$ 上の射影変換

$$\begin{pmatrix} t_0 \\ t_1 \end{pmatrix} \mapsto \begin{pmatrix} \alpha(P_0) & \beta(P_0) \\ \gamma(P_0) & \delta(P_0) \end{pmatrix} \begin{pmatrix} t_0 \\ t_1 \end{pmatrix}$$

による像を表している．したがって，2 点 $\widetilde{P}_0, \widetilde{P}_\infty$ はそれらと異なる $\mathbb{P}^1$ 上の 2 点に移る場合がある．$\mathbb{P}^1$ 上の斉次座標の表示が変わっても，$\pi^{-1}(P_0) = \mathbb{P}^1$ となることは変わらない．

(2)　(1) の注意により，V 上の点 $\widetilde{Q}$ とその局所座標を取って，$\widetilde{Q}$ のブローイング・アップ $\pi_1 : V_1 \to V$ を考えることができる．$\widetilde{Q} \notin \pi^{-1}(P_0)$ ならば，$\mathcal{O}_{V,\widetilde{Q}}$ と $\mathcal{O}_{\mathbb{P}^2,Q}$　$(Q = \pi(\widetilde{Q}))$ は同型だから，2 つの局所環を同一視して，$\mathcal{O}_{\mathbb{P}^2,Q}$ から局所座標を取れば，V_1 は $\mathbb{P}^2$ の 2 点 P_0 と Q で独立にブローイング・アップを行ったものと考えられる．$\widetilde{Q} \in \pi^{-1}(P_0)$ ならば，V_1 は $\mathbb{P}^2$ からのブローイング・アップでは得られない．$\pi_1^{-1}(\widetilde{Q})$ 上にある V_1 の点は $\widetilde{Q}$ の第 1 位の無限小近傍点であるが，点 P_0 の第 2 位の無限小近傍点であるという．同様にブローイング・アップを繰り返して，点 P_0 の第 n 位の無限小近傍点も定義できる．

4.2　射影平面代数曲線の特異点解消

3.7 節で，k 上の 1 変数代数関数体 K は，ある既約アフィン平面曲線 $C_0 = \{f(x,y) = 0\}$ の関数体として得られることを示した．$f(x,y)$ の次数を d として，$F(X_0, X_1, X_2) = X_0^d f\left(1, \dfrac{X_1}{X_0}, \dfrac{X_2}{X_0}\right)$ とおけば，K は射影平面曲線

$C=\{F(X_0,X_1,X_2)=0\}$ の関数体 $k(C)$ である．しかし，一般に C は特異点をもっている．その特異点を解消して，非特異射影代数曲線 $\widetilde{C}$ を得る操作について説明する．

C を上のような射影平面曲線とする．$P\in C$ について $P\in U_0$ と仮定してもよい．そこで，アフィン平面曲線 $C_0=C\cap U_0$ を考えると，$\{x,y\}$ を $U_0=\mathbb{A}^2$ の非斉次座標として，C_0 は定義式 $f(x,y)=0$ をもつ．また，座標変換によって，$P=(0,0)$ とも仮定できる．そこで，f_i を $f(x,y)$ の i 次の斉次部分として

$$f=f_1+f_2+\cdots+f_d$$

と表す．この表し方で，点 P が C_0 の特異点である必要十分条件は $f_1\equiv 0$（式として恒等的に 0）となることである（2.2 節参照）．$f_1\equiv 0,\ldots,f_{m-1}\equiv 0, f_m\not\equiv 0$ となるとき，点 P は C_0 の**重複度** m の点であるという．$m\geq 2$ の場合は，m を特異点の重複度ともいう．

$\pi: V\to\mathbb{P}^2$ を点 P のブローイング・アップとする．4.1 節の記号を使って，例外曲線 $\pi^{-1}(P)$ の非斉次座標 u,v を，$y=ux$, $x=vy$ によって導入する．これらを

$$f=f_m+f_{m+1}+\cdots+f_d$$

に代入すると，

$$\begin{aligned}f(x,ux)&=x^m f_m(1,u)+x^{m+1}f_{m+1}(1,u)+\cdots+x^d f_d(1,u)\\&=x^m\{f_m(1,u)+xf_{m+1}(1,u)+\cdots+x^{d-m}f_d(1,u)\}\\f(vy,y)&=y^m\{f_m(v,1)+yf_{m+1}(v,1)+\cdots+y^{d-m}f_d(v,1)\}\end{aligned}$$

となる．したがって，V 上 $f(x,ux)=0$ または $f(vy,y)=0$ で定義される代数曲線 $\pi^{-1}(C)$ は，$E=\pi^{-1}(P)$ とおいて，

$$\pi^{-1}(C)=mE+C'$$

と表される．ここで，C' は (x,u)-座標系で $x^{-m}f(x,ux)=0$, (y,v)-座標系で $y^{-m}f(vy,y)=0$ で定義される曲線である．これらは別の定義方程式に見えるが，$(\widetilde{U}_0\setminus E)\cup(E\setminus\{\widetilde{P}_0,\widetilde{P}_\infty\})$ の上では同じ曲線を定義していることがわか

る．とくに，$C' \setminus (C' \cap E)$ と $C \setminus \{P\}$ は π によって同一視される．V 上例外曲線 E は，$E \setminus \{\widetilde{P}_\infty\}$ が $x=0$ で，$E \setminus \{\widetilde{P}_0\}$ が $y=0$ で定義されている．したがって，

$$C' \cap E = \begin{cases} \{f_m(1,u)=0\} & (f_m(0,1) \neq 0 \text{ のとき}) \\ \\ \{f_m(1,u)=0\} \cup \{\widetilde{P}_\infty\} & (f_m(0,1) = 0 \text{ のとき}) \end{cases}$$

ここで，$f_m(x,y) = \displaystyle\sum_{i+j=m} a_{ij}x^i y^j$ と表わすとき，$f_m(0,1)=0$ となるのは，$a_{0m}=0$ となる場合である．したがって，$f_m(1,u) = \displaystyle\sum_{j=0}^{m-1} a_{m-j,j}u^j$ となって，$\deg_u f_m(1,u) < m$ となる．実際，$C' \cap E = \{\widetilde{P}_1, \widetilde{P}_2, \ldots, \widetilde{P}_r\}$ とするとき，次の結果が成立する．

【補題 4.2.1】　(1)　$r \leq m$.

(2)　C' の $\widetilde{P}_i$ における重複度を $\widetilde{m}_i$ とおくと，

$$\sum_{i=1}^{r} \widetilde{m}_i \leq m.$$

(3)　$\displaystyle\sum_{i=1}^{r} i(C', E; \widetilde{P}_i) = m, \quad \widetilde{m}_i \leq i(C', E; \widetilde{P}_i).$

証明　(1) は上の説明から従う．(2) は (3) から従う．(3) は代数曲面の交叉理論から導かれるが，本書の枠を超えるので説明は省略する．[5] の第 III 部第 2 章を参照のこと．□

V 上の代数曲線 C' のことを C の π による**固有像**と呼んで $\pi'(C)$ と表す．曲線 C' も特異点（無限小近傍特異点という）をもつ場合がある．そのときには，その特異点を中心とする V のブローイング・アップを考え，C' の固有像を取る．このようにして，C の特異点すべて，およびそれらの無限小近傍特異点のすべてを中心とするブローイング・アップを考えて，それらの合成写像 $\widetilde{\pi} : \widetilde{V} \to \mathbb{P}^2$ による C の固有像 $\widetilde{C} := \widetilde{\pi}'C$ を考えると，$\widetilde{V}$ は特異点をもたない代数曲線になっている．$\widetilde{C}$ を C の**特異点解消**と呼び，また，**非特異射影代数曲**

線という[2]．

【定理 4.2.2】　K を k 上の1変数代数関数体とすると次のことがらが成立する．

(1) 既約な射影平面代数曲線 $C = \{F(X_0, X_1, X_2) = 0\}$ が存在して，$K = k(C)$ と表される．

(2) $\mathbb{P}^2$ の点および無限小近傍点のブローイング・アップの合成写像 $\widetilde{\pi} : \widetilde{V} \to \mathbb{P}^2$ が存在して，$\widetilde{C} = \widetilde{\pi}'C$ は非特異射影代数曲線になっている．

(3) $\mathcal{O}$ を K の k を含む任意の離散付値環とすると，$\widetilde{C}$ の点 $\widetilde{P}$ が存在して，$\mathcal{O} = \mathcal{O}_{\widetilde{C},\widetilde{P}}$ となる．逆に，$\widetilde{C}$ の任意の点 $\widetilde{P}$ に対して局所環 $\mathcal{O}_{\widetilde{C},\widetilde{P}}$ は K の離散付値環である[3]．

証明　(2) の証明は与えない．たとえば，定理 4.2.4 を使って証明できる．(3) の証明の概略を示そう．$\mathcal{O}$ を $k(C)$ の離散付値環とし，v を $\mathcal{O}$ に付随した付値とする．$k(C) = k(x, y)$ だから，$v(x)$ と $v(y)$ の値を比較して次の3つの場合が考えられる．

(i) $v(x) \geq 0,\ v(y) \geq 0$.

(ii) $v(y) \geq v(x),\ v(x) < 0$.

(iii) $v(x) \geq v(y),\ v(y) < 0$.

(i) の場合には，$\mathcal{O} \supseteq k[x, y]$．よって，$\mathcal{O} \geq \mathcal{O}_{C_0,P}$ となる点 $P \in C_0 = C \cap U_0$

---

[2] これまでの議論では P が C の特異点である場合を考えたが，P が非特異点の場合，すなわち $m = 1$ となる場合には，点 P を中心とするブローイング・アップ $\pi : V \to \mathbb{P}^2$ による C の固有像 $C' = \pi'C$ は C と同一視される（同型である）．実際，$P = (0, 0)$ として $f_1 = ax + by \not\equiv 0$ である．$b \neq 0$ とすると，$f(x, ux) = x\{(a + bu) + xf_2(1, u) + \cdots + x^{d-1}f_d(1, u)\}$ と表せる．よって，C' は $E = \pi^{-1}(P)$ と点 $P' = (x = 0, u = -\dfrac{a}{b})$ だけで交わる．このとき，$\mathcal{O}_{C',P'} \geq \mathcal{O}_{C,P}$ となる．$\mathcal{O}_{C,P}$ は離散付値環だから，補題 3.3.2 により，$\mathcal{O}_{C',P'} = \mathcal{O}_{C,P}$ となり，$\mathcal{O}_{C',P'}$ は離散付値環である．よって，C' は点 P' で非特異である．上の議論で，$b = 0$ の場合には $a \neq 0$ だから，$f(x, y)$ に $x = vy$ を代入して考えればよい．また，P がブローイング・アップを重ねて得られた無限小近傍点の場合にも同じ議論が成立する．したがって，特異点解消 $\widetilde{C}$ が得られた後は，いくらブローイング・アップをしても $\widetilde{C}$ と同型な曲線しか得られない．

[3] (3) の主張は，このような非特異射影代数曲線 $\widetilde{C}$ が K のすべての離散付値環と $\widetilde{C}$ の局所環を1対1に対応付けるものとして一通りに存在することを，示している．

が存在する．(ii) の場合には，$\mathcal{O} \supseteq k\left[\dfrac{1}{x}, \dfrac{y}{x}\right]$ だから，$\mathcal{O} \geq \mathcal{O}_{C_1,P}$ となる点 $P \in C_1 = C \cap U_1$ が存在する．(iii) の場合には，$\mathcal{O} \supseteq k\left[\dfrac{1}{y}, \dfrac{x}{y}\right]$ だから，$\mathcal{O} \supseteq \mathcal{O}_{C_2,P}$ となる点 $P \in C_2 = C \cap U_2$ が存在する．(i) の場合だけ考える．(ii) と (iii) の場合にも議論は同じである．また，座標変換によって，$P = (0,0)$ と仮定してよい．P が C_0 の非特異点ならば，補題 2.3.8 によって $\mathcal{O}_{C_0,P}$ は離散付値環だから，補題 3.3.2 によって，$\mathcal{O} = \mathcal{O}_{C_0,P}$ である．

P が C_0 の特異点であると仮定する．ここで，$v(y) \geq v(x)$ と仮定しよう．$v(x) \geq v(y)$ の場合も同様である．すると，$u = \dfrac{y}{x}$ として，$v(u) \geq 0$, $v(x) > 0$ となる．$v(x) > 0$ となるのは，$P = (0,0)$ としているため，$x \in \mathfrak{m}_{C_0,P} = \mathfrak{m} \cap \mathcal{O}_{C_0,P}$ となるからである．ただし，$\mathfrak{m}$ は $\mathcal{O}$ の極大イデアルである．よって，k の元 c が存在して，$v(u-c) > 0$ となる．そこで，$\pi : V \to \mathbb{P}^2$ を点 P を中心とするブローイング・アップ，$E = \pi^{-1}(P)$, $C' = \pi' C$ とすれば，E 上に点 $\widetilde{P} = (x = 0, u = c)$ が存在して，$\mathcal{O} \geq \mathcal{O}_{C',\widetilde{P}}$ となる．$\mathcal{O} \neq \mathcal{O}_{C',\widetilde{P}}$ ならば，$\widetilde{P}$ を中心とするブローイング・アップを考える．C の特異点は有限回のブローイング・アップを重ねて解消されるから，$\mathcal{O} = \mathcal{O}_{\widetilde{C},\widetilde{P}}$ となる点 $\widetilde{P}$ が P 上に $\widetilde{C}$ の点として存在する．すなわち，$\widetilde{\pi}(\widetilde{P}) = P$ となる．□

✔**注意 4.2.3**　一般の非特異射影代数曲線を新たに C と書くとき，C 上の因子，線形同値など，第 3 章 3.5 節以降で非特異射影平面曲線に対して述べた定義や結果はすべて，C 上でそのまま成立する．とくに，リーマン・ロッホの定理が成立する．

再び，C が d 次の射影平面曲線であるとして，その特異点解消として非特異射影代数曲線 $\widetilde{C}$ を得たとき，$\widetilde{C}$ の種数 $g(\widetilde{C})$ に関する結果を証明なしで述べておく（[5] の第 III 部補題 4.4 を参照せよ）．C の特異点およびそのブローイング・アップによる固有像の特異点を含めてすべての特異点を集めた，C の特異点の集合 Σ を考える．$P \in \Sigma$ とするとき，その重複度を δ_P で表す．P が無限小近傍点のときは，P がのっている C の固有像の重複度を δ_P で表すものとする．

【定理 4.2.4】 上の記号の下で，次の等式

$$g(\widetilde{C}) = \frac{(d-1)(d-2)}{2} - \sum_{P \in \Sigma} \frac{\delta_P(\delta_P - 1)}{2}$$

が成立する．

いくつかの例によって，これらの操作を検証しよう．

■ 例 4.2.5 $F(X_0, X_1, X_2) = X_0 X_2^2 - X_1^3 = 0$ を定義方程式とする平面曲線を C とすると，C の特異点は $P = (1, 0, 0)$ で，その重複度は 2 である．$\pi : V \to \mathbb{P}^2$ を P を中心とするブローイング・アップとして，$C' = \pi' C$ とおく．$C \cap U_0$ の定義方程式は $y^2 - x^3 = 0$ であるから，$y = ux$ を代入すると，C' は P 上 $u^2 - x = 0$ で定義されている．例外曲線は点 $\widetilde{P}_0 = (x = 0, u = 0)$ では $x = 0$ で定義されており，u は E の非斉次座標だから，C' は E に点 $\widetilde{P}_0$ で接しており，$i(C', E; \widetilde{P}_0) = 2$ となる．ここで，C' は非特異射影代数曲線になる．また，C' の種数について

$$g(C') = \frac{1}{2} \cdot 2 \cdot 1 - \frac{1}{2} \cdot 2 \cdot 1 = 0$$

となる．実際, u を使うと, $x = u^2, y = u^3$ と表せるから, $k(C) = k(C') = k(u)$ となって，C' は有理曲線である．例 3.6.10 を参照せよ．

■ 例 4.2.6 $F(X_0, X_1, X_2) = X_0 X_2^2 - X_0 X_1^2 + X_1^3 = 0$ で定義される射影平面曲線を C とすると，その特異点は $P = (1, 0, 0)$ で，重複度は 2 である．$C \cap U_0$ の定義方程式は $y^2 = x^2 - x^3$ である．上の例における記号を使って，$y = ux$ を代入すると，C' の方程式は $x = 1 - u^2$ となる．したがって，$C' \cap E = \{\widetilde{P}_1, \widetilde{P}_{-1}\}$, $\widetilde{P}_1 = (x = 0, u = 1)$, $\widetilde{P}_{-1} = (x = 0, u = -1)$ である．これから，C' は非特異であることがわかる．また，$x = 1 - u^2$, $y = u - u^3$ だから，$k(C) = k(u)$ となり，C は有理曲線である．例 3.6.11 を参照せよ．

■ 例 4.2.7 $n \geq 3$ を奇数とし，$n = 2m + 1$ と表す．$F(X_0, X_1, X_2) = X_0^{n-2} X_2^2 - X_1^n = 0$ で定義される射影平面曲線を C とすると，$P_0 = (1, 0, 0)$ は重複度 2 の特異点である．$n \geq 5$ ならば，C はもう一つ特異点 $Q_0 = (0, 0, 1)$ をもち，その重複度は $n - 2$ である．まず，C の点 P_0 における特異点の解消

を考える．$P_0 \in U_0$ で，$C \cap U_0$ の定義方程式は $y^2 - x^n = 0$ である．例 4.2.5 のように，$\pi_1 : V_1 \to \mathbb{P}^2$ を点 P_0 のブローイング・アップとし，$E_1 = \pi_1^{-1}(P_0)$ とおく．$u_1 = \dfrac{y}{x}$ とおくと，$C' = \pi_1' C$ は $u_1^2 - x^{n-2} = 0$ で定義されるから，C' は E_1 と点 $P_1 = (x = 0, u_1 = 0)$ で交わる．$n - 2 \geq 3$ ならば，点 P_1 は C' の特異点で，その重複度は 2 である．$\pi_2 : V_2 \to V_1$ を点 P_1 を中心とするブローイング・アップとし，$E_2 = \pi_2^{-1}(P_1)$, $C'' = \pi_2'(C')$ とおくと，$u_2 = \dfrac{u_1}{x}$ として，C'' は $u_2^2 - x^{n-4} = 0$ で定義される．同じ操作は m 回繰り返すことができて，ブローイング・アップの合成写像

$$\widetilde{\pi} : V_m \xrightarrow{\pi_m} V_{m-1} \longrightarrow \cdots \longrightarrow V_2 \xrightarrow{\pi_2} V_1 \xrightarrow{\pi_1} \mathbb{P}^2$$

による C の固有像 $C^{(m)} = \widetilde{\pi}' C$ は局所座標 $\{x, u_m\}$ によって，$x^2 = u_m$ で定義される．ただし，$u_m = \dfrac{y}{x^m}$ である．すなわち，$C^{(m)}$ は点 P 上非特異になる．点 P_1 は P の第 1 位の無限小特異点，P_2 は P の第 2 位の無限小特異点，と続き，最後に点 P_{m-1} が第 $(m-1)$ 位の無限小特異点である．この状況を特異点の重複度を P の重複度，P_1 の重複度，と P_{m-1} の重複度までの m 個の重複度を左から右に並べて

$$\underbrace{2, 2, \ldots, 2}_{m}$$

と書き記す．

次に，$n \geq 5$ として，点 Q_0 上の特異点解消を考える．$t = \dfrac{X_0}{X_2}, z = \dfrac{X_1}{X_2}$ とおくと，$C \cap U_2$ の定義方程式は $t^{n-2} - z^n = 0$ である．点 Q_0 を中心とするブローイング・アップを $\rho : W_1 \to \mathbb{P}^2$ とし，$t_1 = \dfrac{t}{z}$ とおくと，$\rho' C$ は例外曲線 $\rho^{-1}(Q_0)$ と $Q_1 = (z = 0, t_1 = 0)$ で交わり，Q_1 における定義方程式は $t_1^{n-2} - z^2 = 0$ である．そのあとは，点 P_0 上の特異点解消のようにして，点 Q_1 上 $(m-1)$ 回のブローイング・アップを重ねて，C の Q_0 上の特異点が解消される．この状況を特異点の重複度の列として表すと

$$(n-2), \ \underbrace{2, 2, \ldots, 2}_{m-1}$$

となる．

したがって，C は無限小近傍点を込めて $(m+m)$ 個の特異点をもつ．種数 $g(C^{(m)})$ は定理 4.2.4 により，

$$\begin{aligned} g(C^{(m)}) &= \frac{1}{2}(n-1)(n-2) - \frac{1}{2}\cdot 2\cdot 1\cdot m \\ &\quad -\frac{1}{2}(n-2)(n-3) - \frac{1}{2}\cdot 2\cdot 1\cdot (m-1) \\ &= (n-2) - m - (m-1) = (2m-1) - (2m-1) = 0 \end{aligned}$$

となる．後で示す結果によって，種数 0 の非特異射影代数曲線は有理曲線であることがわかる．

4.3　非特異射影代数曲線上の線形束

Λ を非特異射影代数曲線 C 上の線形束とする．すなわち，Λ は 1 次元の線形系である．$\Lambda \subseteq |D|$ とし，Λ を定義する $L(D)$ の部分 k-加群を L とすると，仮定により，$\dim L = 2$ である．さらに，注意 3.5.7 により，始めから D を有効因子と取っておくことができる．以下，$D = D_0$ と書き改めて，$D_0 \geq 0$ とする．このとき，L の基底として $\{1, f\}$ が取れる．$D_1 = D_0 + (f)$ とおく．

【補題 4.3.1】　D_0 と f を上のように取ると，次のことがらが成立する．

(1)　$\mathrm{Bs}\,\Lambda = \mathrm{Supp}(D_0 \cap D_1)$.

(2)　$\mathrm{Bs}\,\Lambda = \emptyset$ ならば，$\varphi_\Lambda : C \to \mathbb{P}^1$ は全射である．さらに，$\mathbb{P}^1$ の非斉次座標 $(1, x)$ を，$\varphi^* : k(\mathbb{P}^1) \to k(C)$ が $\varphi^*(x) = f$ で定まる体の準同型写像であるように選べる．このとき，体の拡大次数 $[k(C) : k(\mathbb{P}^1)]$ を $\deg\varphi$ とおくと，$\deg\varphi = \deg D_0$ である．

証明　(1)　D_0 は有効因子だから，$D_0 = \sum_{i=1}^{m} a_i P_i$, $a_i > 0$ と表しておく．すると，f の極は $\{P_1, \ldots, P_m\}$ に含まれるから，$\{P \mid v_P(f) < 0\} = \{P_1, \ldots, P_r\}$ $(r \leq m)$ となるように添字をつける．$(f)^- := \sum_{i=1}^{r} \alpha_i P_i$　$(\alpha_i = -v_{P_i}(f))$ とすると，

$$
\begin{aligned}
D_1 &= D_0 + (f)^+ - (f)^- \\
&= (f)^+ + \sum_{i=1}^{r}(a_i - \alpha_i)P_i + \sum_{i=r+1}^{m} a_i P_i
\end{aligned}
$$

となる．そこで，

$$
D_1 = \sum_{i=1}^{n} b_i P_i \qquad (n \geq m)
$$

と表すと，$b_i = a_i - \alpha_i \ \ (1 \leq i \leq r)$，$(f)^+ = \displaystyle\sum_{i=r+1}^{m}(b_i - a_i)P_i + \sum_{i=m+1}^{n} b_i P_i$ となる．よって，$b_i \geq a_i \ \ (r+1 \leq i \leq m)$ である．このとき，$D_0 \cap D_1 = \displaystyle\sum_{i=1}^{m}\min(a_i, b_i)P_i$ である．$c_i = \min(a_i, b_i) \ \ (1 \leq i \leq m)$，$D_0' = D_0 - D_0 \cap D_1 = \displaystyle\sum_{i=1}^{m}(a_i - c_i)P_i$，$D_1' = D_1 - D_0 \cap D_1$ とおくと，$c_i = a_i - \alpha_i \ (1 \leq i \leq r)$，$c_i = a_i \ (r+1 \leq i \leq m)$ だから，

$$
\begin{aligned}
D_0' &= \sum_{i=1}^{r} \alpha_i P_i = (f)^- \\
D_1' &= D_0' + (f) \\
&= \sum_{i=1}^{r} \alpha_i P_i + \sum_{i=r+1}^{m}(b_i - a_i)P_i + \sum_{i=m+1}^{n} b_i P_i - \sum_{i=1}^{r} \alpha_i P_i \\
&= \sum_{i=r+1}^{m}(b_i - a_i)P_i + \sum_{i=m+1}^{n} b_i P_i
\end{aligned}
$$

となる．よって，$D_0' \sim D_1'$，$D_0' \cap D_1' = 0$ である．$\Lambda' \subseteq |D_0'|$ を $L = k \cdot 1 + kf$ で定義される線形束とすると，

$$
\Lambda = \Lambda' + D_0 \cap D_1
$$

となっている．ただし，右辺は Λ' に属する因子と $D_0 \cap D_1$ の和の形の因子がなす線形系を表す．これは次のように示される．

$\lambda \in k$ に対する Λ の因子 $D_\lambda = D_0 + (f - \lambda)$ について，$D_\lambda' = D_\lambda - D_0 \cap D_1$ とおくと，$D_\lambda' = D_0' + (f - \lambda)$ となっていることを示す．これは，$(f-\lambda)^- = (f)^-$ がわかれば，

$$
D_\lambda' = D_\lambda - D_0 \cap D_1
$$

$$
\begin{aligned}
&= D_0 + (f-\lambda) - D_0 \cap D_1 = (D_0 - D_0 \cap D_1) + (f-\lambda) \\
&= D_0' + (f-\lambda)^+ - (f)^- = (D_0' - (f)^-) + (f-\lambda)^+ \\
&= (f-\lambda)^+ \geq 0
\end{aligned}
$$

と計算されるので，$D'_\lambda \in \Lambda'$ である．$(f-\lambda)^- = (f)^-$ を示す．$v_P(f) < 0$ ならば，$v_P(f^{-1}) > 0$．よって，$f^{-1} \in \mathfrak{m}_{C,P}$ である．このとき，$1 - \dfrac{\lambda}{f} = 1 - \lambda f^{-1} \in 1 + \mathfrak{m}_{C,P}$ だから，$1 - \dfrac{\lambda}{f}$ は $\mathcal{O}_{C,P}$ の単元である．よって，

$$
v_P(f-\lambda) = -v_P\left(\frac{1}{f\left(1-\frac{\lambda}{f}\right)}\right) = -v_P(f^{-1}) = v_P(f).
$$

したがって，$(f-\lambda)^- = (f)^-$ がわかる．以上から，包含関係 $\Lambda \subseteq \Lambda' + D_0 \cap D_1$ がわかった．逆の包含関係は，$D_0' + (f-\lambda) + D_0 \cap D_1 = D_0 + (f-\lambda) \geq 0$ より明らかである．そこで，$\mathrm{Bs}\,\Lambda' = \emptyset$ を示せばよい．しかるに，$D_0' \cap D_1' = 0$ は上の表示から明らかだから，$\mathrm{Bs}\Lambda' = \emptyset$ である．以上より，$\mathrm{Bs}\Lambda = \mathrm{Supp}(D_0 \cap D_1)$ である．

(2) $D_0 \cap D_1 = 0$ だから，$f \notin k$ である．したがって，f は k 上超越的な $k(C)$ の元である．$\varphi := \varphi_\Lambda : C \to \mathbb{P}^1$ を $P \mapsto (1, f(P))$ で定義される有理写像とする．$v_P(f) \geq 0$ ならば，$f(P)$ は $\mathcal{O}_{C,P}/\mathfrak{m}_{C,P} = k$ の元として定まっている．$\lambda \in k$ ならば，$D_\lambda = D_0 + (f-\lambda)$ とすると，$P \in D_\lambda$ に対して，$f(P) = \lambda$ となる．もし $v_P(f) < 0$ ならば，$f^{-1} \in \mathfrak{m}_{C,P}$ だから，$\varphi(P) = (f^{-1}(P), 1) = (0, 1)$ となる．したがって，φ は全射な正則写像である．$d = [k(C) : k(\mathbb{P}^1)]$ とすると，$k(C)$ は $k(\mathbb{P}^1)$ 上の有限次代数拡大であるから，単純拡大である．よって，$k(C) = k(x, y)$ と表せて，y は $k(\mathbb{P}^1) = k(x)$ 上の最小方程式[4)]

$$
F(y) = y^d + a_1(x)y^{d-1} + \cdots + a_d(x) = 0, \quad \forall a_i(x) \in k(x) \tag{4.1}
$$

を満たしている．この方程式は $c_i(x) \in k[x]$ $(0 \leq i \leq d)$ を

$$
a_j(x) = \frac{c_j(x)}{c_0(x)}, \ \ \gcd(c_0(x), \ldots, c_d(x)) = 1
$$

4) 最小多項式 $= 0$ となる方程式をそのように呼ぶ．

となるように選んで,

$$c_0(x)y^d + c_1(x)y^{d-1} + \cdots + c_d(x) = 0 \tag{4.2}$$

と表される．この方程式の左辺は $k(x)$ 上で既約な原始多項式だから 2 変数多項式環 $k[x, y]$ の既約多項式である（[3] の 5.4 節を参照）．(4.2) 式を斉次方程式に直して射影平面曲線 C' を定義すると，定理 4.2.2 により，C' の特異点解消をしたものが与えられた代数曲線 C である．また，特異点解消を与えるブローイング・アップを $\pi : V \to \mathbb{P}^2$ として，$\nu : C \to C'$ を $\nu = \pi|_C$ と定める．C' 上の特異点の数は有限個である．また，$k(x)$-係数の y の式 (4.1) の判別式を $\Delta(x)$ とおくと，$\Delta(x)$ は $k(x)$ の元で，$\Delta(x)$ の零点と極の数は有限個である．改めて，C の点集合 $\{P_1, \ldots, P_n\}$ を，C' の特異点の ν による引き戻しに属する点すべてと，$\Delta(x)$ の零点と極，点 $(0, 1)$ 及び有理関数 $a_1(x), \ldots, a_d(x)$ の極全部の φ による引き戻しに属する点すべてを合わせた集合とする．すると，$\mathbb{P}^1$ 上の点 Q が $\mathbb{P}^1 \setminus \{\varphi(P_1), \ldots, \varphi(P_n)\}$ の点ならば，$Q = (1, c)$ $(c \in k)$ と表されて，式

$$F_c(y) = y^d + a_1(c)y^{d-1} + \cdots + a_d(c) = 0$$

はちょうど d 個の解をもつ．その解を $\lambda_1, \ldots, \lambda_d$ とすると，点 $(1, c, \lambda_i)$ は曲線 C' の特異点ではない．よって，曲線 C の点 $P^{(i)}$ $(1 \leq i \leq d)$ が存在して，点 $(1, c, \lambda_i)$ に対応する．また，以上の構成から，$\varphi(P^{(i)}) = Q$ となる．したがって，$P^{(i)} \in \mathrm{Supp} D_c$，$D_c = D_0 + (f - c)$ となる．逆に，$P \in \mathrm{Supp} D_c$ ならば，$\varphi(P) = Q$ だから，P は C' の点 $(1, c, \lambda)$ に対応し，λ は方程式 $F_c(\lambda) = 0$ を満たす．ゆえに，$D_c = P^{(1)} + P^{(2)} + \cdots + P^{(d)}$ となる．よって，$\deg D_c = \deg D_0 = d$ となる．□

Λ を非特異射影代数曲線 C 上の線形系とすると，Λ に属する因子 D, D' について，$d := \deg D = \deg D'$ は Λ によって定まるので，d を Λ の**次数**という．

【系 4.3.2】 C を非特異射影代数曲線とするとき，C が射影直線 $\mathbb{P}^1$ に同型になる必要十分条件は次数 1 の線形束が存在することである．

証明　Λ を C 上の次数 1 の線形束とする．仮定によって，$\Lambda \subseteq |D_0|$ となる有

効因子 D_0 で $\deg D_0 = 1$ となるものが存在する．$\dim \Lambda = 1$ に注意すると，$\mathrm{Bs}\,\Lambda = \emptyset$ である．補題4.3.1の(2)によって，$\varphi := \varphi_\Lambda : C \to \mathbb{P}^1$ は $\deg \varphi = 1$ の正則な有理写像である．したがって，$\varphi^* : k(\mathbb{P}^1) \to k(C)$ は体の同型写像である．よって，$\mathcal{O}$ が $k(\mathbb{P}^1)$ の離散付値環ならば，$\varphi^*(\mathcal{O})$ は $k(C)$ の離散付値環である．C と $\mathbb{P}^1$ 上の点はそれぞれ $k(C)$ と $k(\mathbb{P}^1)$ の離散付値環と1対1に対応するから，φ は同型写像である．

逆に，$C = \mathbb{P}^1$ ならば，$P_\infty = (0, 1)$ とすると $|P_\infty|$ は次数1の線形系である．実際，x を $\mathbb{P}^1$ の $x(P_0) = 0$ となる非斉次座標として，$|P_\infty|$ は $L = k \cdot 1 + k \cdot x$ で定義される．□

【系 4.3.3】　種数0の非特異射影代数曲線は $\mathbb{P}^1$ に同型である．

証明　P_0 を C の点とする．リーマン・ロッホの定理（定理3.7.6）により，

$$\ell(P_0) - \ell(K_C - P_0) = 1 + 1 - 0 = 2.$$

ここで，$\deg(K_C - P_0) = 2 \cdot 0 - 2 - 1 = -3 < 0$（系3.7.7）より，$\ell(K_C - P_0) = 0$ である．よって，$\ell(P_0) = 2$ だから，$\Lambda := |P_0|$ は次数1の線形束である．よって，系4.3.2により，C は $\mathbb{P}^1$ に同型である．□

次に，次数2の $\mathrm{Bs}\,\Lambda = \emptyset$ となる線形束をもつ場合について考えてみよう．

【定理 4.3.4】　C を非特異射影代数曲線とし，C 上に次数2の線形束 Λ で $\mathrm{Bs}\,\Lambda = \emptyset$ となるものが存在すると仮定すると，次のことがらが成立する．

(1) 自然数 n と n 次の多項式 $f(x)$ が存在して，$k(C) = k(x, y)$，$y^2 = f(x)$ と表される．ただし，

$$f(x) = (x - \alpha_1)(x - \alpha_2) \cdots (x - \alpha_n), \quad \alpha_i \neq \alpha_j \ (i \neq j) \qquad (4.3)$$

である．

(2) $n = 1, 2$ ならば C は $\mathbb{P}^1$ に同型である．また，$n = 3$ ならば，C は種数1の非特異射影平面曲線である．$P_\infty = (0, 0, 1)$ とすると，$\Lambda = |2P_\infty|$ となっている．

(3) C の種数 $g(C)$ は

$$g(c) = \begin{cases} \left[\dfrac{n}{2}\right] & (n\text{ は奇数}) \\ \\ \left[\dfrac{n}{2}\right] - 1 & (n\text{ は偶数}) \end{cases}$$

と表される．[ ] はガウス記号である．

(4) $\varphi = \varphi_\Lambda : C \to \mathbb{P}^1$ とする．$Q_i = (1, \alpha_i)\ \ (1 \le i \le n)$，$Q_\infty = (0, 1)$ とおくとき，次が成立する．

(i) n が奇数ならば，$Q = Q_i\ (1 \le i \le n)$ と $Q = Q_\infty$ で $\varphi^{-1}(Q)$ はちょうど 1 点からなり，その他の点 Q では $\varphi^{-1}(Q)$ は 2 点からなる．

(ii) n が偶数ならば，$Q = Q_i\ (1 \le i \le n)$ で $\varphi^{-1}(Q)$ はちょうど 1 点からなり，その他の点 Q では $\varphi^{-1}(Q)$ は 2 点からなる．

証明　(1)　補題 4.3.1 の (1) の証明のようにして，関数体 $k(C)$ は

$$k(C) = k(x, y),\ y^2 + a_1(x)y + a_2(x) = 0,\ a_1(x), a_2(x) \in k(x) \quad (4.4)$$

と表される．2 次式の平方完成により，この式は

$$\left(y + \frac{1}{2}a_1(x)\right)^2 = \frac{1}{4}a_1(x)^2 - a_2(x)$$

と表せるから，$y + \dfrac{1}{2}a_1(x)$ を改めて y とおいて，(4.4) 式を

$$y^2 = f(x), \quad f(x) \in k(x) \quad (4.5)$$

と書き換えてもよい．また，$f(x) = c \cdot \dfrac{A(x)}{B(x)}$，$c \in k \setminus (0)$，$A(x), B(x) \in k[x]$，$\gcd(A(x), B(x)) = 1$ と書いておく．ただし，$A(x)$ と $B(x)$ はモニックな多項式である．$A(x)$ と $B(x)$ は 1 次式の積に表せるから，

$$B(x) = (x - b_1)^{n_1} \cdots (x - b_r)^{n_r}$$

と互いに素な因子の積に既約分解しておく．その因子の一つを取って $(x - b)^n$ とする．n が奇数の場合は，$n = 2s+1$ と書いて，$(x-b)^{s+1}y$ を y，$(x-b)A(x)$

を $A(x)$ と書き改めると，$(x-b)^n$ は $B(x)$ の既約分解に現れなかったと仮定できる．n が偶数ならば $n=2s$ と書いて，$(x-b)^s y$ を y とすると，$A(x)$ はそのままにして，$B(x)$ の既約分解に $(x-b)^n$ が現れなかったとしてもよい．この操作を $B(x)$ のすべての既約分解の因子に施して，$B(x)\equiv 1$ と仮定することができる．

分子 $A(x)$ についても，同様に既約分解して

$$A(x)=(x-a_1)^{m_1}\cdots(x-a_t)^{m_t}$$

と表す．その因子の一つを $(x-a)^m$ とする．m が奇数ならば，$m=2s+1$ と表して $\dfrac{y}{(x-a)^s}$ を y で置き換えれば，$m=1$ と仮定できる．m が偶数ならば，$m=2s$ と表して $\dfrac{y}{(x-a)^s}$ を y で置き換えれば，$(x-a)^m$ は $A(x)$ の既約分解に現れないとしてよい．したがって，

$$A(x)=(x-a_1)(x-a_2)\cdots(x-a_n),\quad a_i\neq a_j\ \ (i\neq j)$$

と考えられる．最後に定数 c を消すには $\dfrac{y}{\sqrt{c}}$ を y で置き換えればよい．

(2) $\mathbb{P}^2$ の斉次座標 (X_0,X_1,X_2) に対して，$x=\dfrac{X_1}{X_0}, y=\dfrac{X_2}{X_0}$ であるとすれば，$y^2=f(x)$ という式を斉次化したものは，

$$X_0^{n-2}X_2^2=(X_1-a_1X_0)(X_1-a_2X_0)\cdots(X_1-a_nX_0) \tag{4.6}$$

と表される．ここで，$n=1$ の場合 $x\in k[y]$ となるから $k(x,y)=k(y)$ となって，C は $\mathbb{P}^1$ に同型である．このとき，$x-a_1$ を x で置き換えると，$\varphi=\varphi_\Lambda : C\to\mathbb{P}^1$ は非斉次座標を使って，$(1,y)\mapsto(1,y^2)=(1,x)$ となっている．すると，点 Q が $Q_0=(1,0)$ または $Q_\infty=(0,1)$ に対して $\varphi^{-1}(Q)$ は1点で，その他の点 Q では $\varphi^{-1}(Q)$ は2点である．

次に，$n=2$ の場合を考えると，(4.6) 式は

$$X_2^2=(X_1-a_1X_0)(X_1-a_2X_0) \tag{4.7}$$

となり，これは非特異射影平面曲線である．系3.7.7により，種数 $g(C)$ は0である．よって，系4.3.3によって，C は $\mathbb{P}^1$ に同型である．$\varphi=\varphi_\Lambda : C\to\mathbb{P}^1$

は $(X_0, X_1, X_2) \mapsto (X_0, X_1)$ で与えられる．また，$Q_1 = (1, a_1), Q_2 = (1, a_2)$ 上で $\varphi^{-1}(Q_i)$ はちょうど 1 点からなり，その他の点 Q では $\varphi^{-1}(Q)$ は 2 点からなることも明らかであろう．実際，(4.7) 式の右辺は $Q = Q_1, Q_2$ で 0 になり，その他の点 Q では 0 でない．

次に，$n = 3$ とすると，(4.6) 式は

$$X_0X_2^2 = (X_1 - a_1X_0)(X_1 - a_2X_0)(X_1 - a_3X_0) \tag{4.8}$$

となる．特異点のジャコビ判定法（定理 3.2.2）によって，特異点は次の 3 つの方程式を満たす点である．

$$\begin{cases} X_2^2 + (a_1 + a_2 + a_3)X_1^2 - 2(a_1a_2 + a_2a_3 + a_3a_1)X_0X_1 + 3a_1a_2a_3X_0^2 = 0 \\ 3X_1^2 - 2(a_1 + a_2 + a_3)X_0X_1 + (a_1a_2 + a_2a_3 + a_3a_1)X_0^2 = 0 \\ X_0X_2 = 0 \end{cases}$$

もし $X_0 = 0$ ならば，上の 2 番目の式から $X_1 = 0$．よって，上の最初の式から $X_2 = 0$ となって，このような座標 $(0, 0, 0)$ をもつ点は存在しない．$X_0 \neq 0, X_2 = 0$ と仮定する．すると，$x = \dfrac{X_1}{X_0}$ として，上の連立方程式は次のようになる．

$$\begin{cases} 3x^2 - 2(a_1 + a_2 + a_3)x + (a_1a_2 + a_2a_3 + a_3a_1) = 0 \\ (a_1 + a_2 + a_3)x^2 - 2(a_1a_2 + a_2a_3 + a_3a_1)x + 3a_1a_2a_3 = 0 \end{cases} \tag{4.9}$$

この 2 つの方程式の終結式 R を計算する．複雑な計算を避けるために，(4.8) 式において変数変換をして $a_3 = 0$ と仮定してもよい．このとき，終結式は

$$R = -3a_1^2a_2^2(a_1 - a_2)^2$$

となる．$a_1, a_2, a_3 = 0$ は相異なるので，$R \neq 0$ である．よって，(4.9) の 2 つの方程式は共通解をもたない．よって，(4.8) の方程式で定義される射影平面曲線 C は非特異である[5)]．(4.8) 式において，右辺は点 $Q_i = (1, a_i)$ において 0 になる．よって，$\varphi = \varphi_\Lambda : C \to \mathbb{P}^1$ により $\varphi^{-1}(Q_i)$ は 1 点 $(1, a_i, 0)$ のみからなる．また，点 $Q_\infty = (0, 1)$ 上にある点は $P_\infty = (0, 0, 1)$ のみである．その他

[5)] 別証明は主張 (3) の証明にある．

の $\mathbb{P}^1$ の点 Q では $\varphi^{-1}(Q)$ は2点からなる．ここで，$\varphi(P_\infty) = Q_\infty$ となる理由を説明しておこう．

$\mathbb{P}^2$ の直線 $\ell_\infty = \{X_0 = 0\}$ は曲線 C と P_∞ で3重に交わっている．実際，$w = \dfrac{X_0}{X_2}, z = \dfrac{X_1}{X_2}$ とおくと，(4.8) 式より

$$w = (z - a_1 w)(z - a_2 w)(z - a_3 w) \tag{4.10}$$

と書けるが，点 P_∞ における局所座標は (w, z) で，式 (4.10) は

$$w\rho = z^3$$
$$\rho = 1 + (a_1 + a_2 + a_3)z^2 - (a_1a_2 + a_2a_3 + a_3a_1)zw + a_1a_2a_3w^2$$

と表せるが，ρ は点 P_∞ で0にならない．すなわち，ρ は局所環 $\mathcal{O}_{\mathbb{P}^2, P_\infty}$ の単元である．直線 ℓ_∞ は $w = 0$ で定義されるから，

$$\begin{aligned} i(C, \ell_\infty; P_\infty) &= \dim_k \mathcal{O}_{\mathbb{P}^2, P_\infty}/(w - \rho^{-1}z^3, w) \\ &= \dim_k k[z]/(z^3) = 3 \end{aligned}$$

となる．このとき，$\Lambda = |2P_\infty|, L = k \cdot 1 + k \cdot \dfrac{z}{w}$ とおくと，Λ は k-加群 L で定義されている．実際，系 3.7.7 により，$g(C) = 1$ である．リーマン・ロッホの定理により，$\ell(2P_\infty) = \deg(2P_\infty) = 2$ となる．ただし，$\deg(K_C - 2P_\infty) = (2-2) - 2 = -2 < 0$ だから，$\ell(K_C - 2P_\infty) = 0$ である．$c \in k$ とすると，

$$2P_\infty + \left(\frac{z}{w} - c\right) = P_c^{(1)} + P_c^{(2)}$$

となる．ただし，$Q_c = (1, c)$ とするとき，$\varphi^{-1}(Q_c) = \{P_c^{(1)}, P_c^{(2)}\}$ とする．また，$P_c^{(1)} = P_c^{(2)}$ となることもある．したがって，$\varphi : C \to \mathbb{P}^1$ は

$$\left(1, \frac{z}{w}\right) = \left(1, \frac{X_1}{X_0}\right) = (X_0, X_1)$$

で定義される．P_∞ では $z = w = 0$ であるが，定義式より $w = \rho^{-1}z^3$ だから，$(w, z) = (\rho^{-1}z^3, z) = (\rho^{-1}z^2, 1)$ となっている．よって，$\varphi(P_\infty) = (0, 1) = Q_\infty$ となっている．

(3) 以下，$n \geq 4$ と仮定する．(4.6) 式で定義された射影平面曲線を C' とすると，特異点のジャコビ判定法により $P_\infty = (0,0,1)$ は C' の特異点である．$C'' = C' \setminus \{P_\infty\}$ の各点は非特異点である．これを説明しよう．$P \neq P_\infty$ ならば，$(X_0, X_1) \neq (0,0)$ である．しかるに，$(X_0, X_1) = (0, c)$ $(c \in k \setminus \{0\})$ となる点 P は存在しない．なぜならば，そのような点 P が存在すれば，点 P で (4.6) 式の右辺 $= c^n$ で，左辺 $= 0$ となるからである．よって，P で $X_0 \neq 0$ であるから，P の座標は $(1, x, y)$ の形で表される．$\varphi'' = \varphi|_{C''}$ とすると，$\varphi'' : C'' \to \mathbb{A}^1$，$P \mapsto \varphi(P)$ は $(1,x,y) \mapsto x$ で与えられる全射である．$P = (1, b, c)$ とする．$b = a_i$ $(1 \leq \exists\, i \leq n)$ ならば，$u = x - a_i$ とおくと，C'' の定義式は

$$y^2 = u \cdot \prod_{j \neq i} \{u + (a_i - a_j)\} = u \cdot \sigma$$

と書けて，$\sigma = \prod_{j \neq i} \{u + (a_i - a_j)\}$ は $\mathcal{O}_{C',P}$ の単元である．極大イデアル $\mathfrak{m}_{C',P} = (u, y)$ は，この関係式を使って，$\mathfrak{m}_{C',P} = (y)$ と単項イデアルになるから，$\mathcal{O}_{C',P}$ は離散付値環である．よって，点 P は非特異点である．$b \neq a_i$ $(1 \leq \forall\, i \leq n)$ の場合には，$\mathcal{O}_{C',P}$ の極大イデアルは $(x - b, y - c)$ と表せる．ここで，$c^2 = (b - a_1) \cdots (b - a_n) \neq 0$ である．すると，

$$\begin{aligned}
&(y-c)(y+c) \\
&= (x - a_1) \cdots (x - a_n) - c^2 \\
&= \{(x-b) + (b-a_1)\} \cdots \{(x-b) + (b-a_n)\} - c^2 \\
&= (x-b)\left[\prod_{i=1}^{n} (b - a_i) \cdot \left(\frac{1}{b-a_1} + \cdots + \frac{1}{b-a_n}\right) + E\right], \quad E \in (x-b)k[x]
\end{aligned}$$

となる．上の式で，左辺の $(y+c)$ と右辺の [　] の中の元は $\mathcal{O}_{C',P}$ の単元である．よって，$\mathfrak{m}_{C',P} = (x-b) = (y-c)$ となって，$\mathcal{O}_{C',P}$ は離散付値環である．よって，P は非特異点である．

それでは，点 P_∞ を中心とするブローイング・アップによって，C' の特異点を解消する．$w = \dfrac{X_0}{X_2}$，$z = \dfrac{X_1}{X_2}$ とおくと，(4.6) 式は

$$w^{n-2} = (z - a_1 w)(z - a_2 w) \cdots (z - a_n w)$$

と書き換えられる．この式に $w = w_1 z$ を代入して，両辺を z^{n-2} で割ると

$$w_1^{n-2} = z^2(1 - a_1 w_1)(1 - a_2 w_1)\cdots(1 - a_n w_1)$$

となる．(4.6) 式で定まる射影平面曲線 C' の固有像を $C^{(1)}$ とすると，$C^{(1)}$ の点で P_∞ 上にある点は (w_1, z)-座標で表して $P_\infty^{(1)} = (0, 0)$ だけである．よって，C' の点 P_∞ における重複度は $n - 2$ である．$C^{(1)}$ を点 $P_\infty^{(1)}$ の近傍[6]で考えれば，$\rho := (1 - a_1 w_1)\cdots(1 - a_n w_1)$ は単元（零点をもたない）である．そこで，

$$w_1^{n-2} = z^2 \rho \tag{4.11}$$

を点 $P_\infty^{(1)}$ でブローイング・アップする．(4.11) 式に $z = z_1 w_1$ を代入して，w_1^2 で割ると

$$w_1^{n-4} = z_1^2 \rho \tag{4.12}$$

となる．$C^{(1)}$ の固有像を $C^{(2)}$ とすると，$P_\infty^{(1)}$ 上の点は (w_1, z_1)-座標で表して，$n \geq 5$ のときは $P_\infty^{(2)} = (0, 0)$ だけであり，$n = 4$ のときは $P_\infty^{(2)} = (0, \alpha)$ と $P_\infty^{(2)'} = (0, -\alpha)$ の2点である．ただし，$\alpha^2 = \dfrac{1}{\rho(0,0)}$．$n = 4$ のときは，$C^{(2)}$ は点 $P_\infty^{(2)}$ と $P_\infty^{(2)'}$ で非特異である．

n が奇数のときは，$n = 2m+1$ と表して，(4.12) 式に順次 $z_{i-1} = z_i w_1$ $(2 \leq i < m)$ を代入して w_1^2 で割ることを繰り返す．したがって，固有像 $C^{(3)}, \ldots,$ $C^{(m)}$ を得る．最後には，$C^{(m)}$ の式 $w_1 = z_{m-1}^2 \rho$ を得る．点 $P_\infty^{(2)}$ の上には $P_\infty^{(3)}, \ldots, P_\infty^{(m)}$ が各点の上にただ一つずつ存在して，重複度は次の表のようになる．

P_∞	$P_\infty^{(1)}$	$\cdots\cdots$	$P_\infty^{(m-1)}$	$P_\infty^{(m)}$
$n-2$	2	$\cdots\cdots$	2	1

$P_\infty^{(m)}$ は $C^{(m)}$ の非特異点で，$C^{(m)} \setminus \{P_\infty^{(m)}\}$ と $C' \setminus \{P_\infty\}$ は同型だから，$C^{(m)}$ が C' の特異点解消となる．よって，C と $C^{(m)}$ は同型である．その種数 $g(C)$ は定理 4.2.4 によって，次のように計算される．

$$g(C) = \frac{1}{2}(n-1)(n-2) - \frac{1}{2}(n-2)(n-3) - \frac{1}{2}2 \cdot 1 \cdot (m-1)$$

[6] 点 $P_\infty^{(1)}$ を含み，$P_\infty^{(1)}$ 以外の有限個の点を除くすべての点でという意味である．

$$= (n-2) - (m-1) = m = \left[\frac{n}{2}\right].$$

nが偶数のときは$n = 2m$と表して，奇数の場合と同様に，$z_{i-1} = z_i w_1$ $(2 \leq i < m)$というブローイング・アップを繰り返すと，最後には，$1 = z_{m-1}^2 \rho$となって，P_∞ 上には $P_\infty^{(1)}, P_\infty^{(2)}, \ldots, P_\infty^{(m-1)}$ がそれぞれただ一つ定まり，$P_\infty^{(m-1)}$ 上には固有像 $C^{(m)}$ の 2 つの非特異点 $P_\infty^{(m)}$ と $P_\infty^{(m)'}$ が存在する．よって，C は $C^{(m)}$ と同型である．重複度については次の表のようになる．

P_∞	$P_\infty^{(1)}$	$\cdots\cdots$	$P_\infty^{(m-1)}$	$P_\infty^{(m)}$	$P_\infty^{(m)'}$
$n-2$	2	$\cdots\cdots$	2	1	1

よって，種数は上と同じ計算で

$$g(C) = (n-2) - (m-1) = m - 1 = \left[\frac{n}{2}\right] - 1$$

となる．主張 (4) の証明は (3) の証明に含まれている．　□

定理 4.3.4 によって，$n \geq 5$ ならば $g(C) \geq 2$ である．主張 (1) の形に表される射影平面曲線から特異点解消で得られる非特異射影代数曲線 C のことを，$n \geq 5$ の場合に，**超楕円曲線**という．種数 1 の非特異射影代数曲線のことを**楕円曲線**と呼ぶが，そのような曲線は $n = 3$ のときの (1) の曲線に同型になることを次の節で示す．

4.4　楕円曲線

最初にヘシアンについて述べる．$F(X_0, X_1, X_2)$ を d 次の斉次多項式とする．F の**ヘシアン** $H(F)$ を行列式

$$H(F) = \begin{vmatrix} \dfrac{\partial^2 F}{\partial X_0^2} & \dfrac{\partial^2 F}{\partial X_0 \partial X_1} & \dfrac{\partial^2 F}{\partial X_0 \partial X_2} \\ \dfrac{\partial^2 F}{\partial X_1 \partial X_0} & \dfrac{\partial^2 F}{\partial X_1^2} & \dfrac{\partial^2 F}{\partial X_1 \partial X_2} \\ \dfrac{\partial^2 F}{\partial X_2 \partial X_0} & \dfrac{\partial^2 F}{\partial X_2 \partial X_1} & \dfrac{\partial^2 F}{\partial X_2^2} \end{vmatrix}$$

で定義する．$H(F)$ は斉次多項式で，0 でなければ，その次数は $3(d-2)$ である．また，$H(F)=0$ で定義される $\mathbb{P}^2$ の曲線を**ヘッセ曲線**という．

【補題 4.4.1】 $F(X_0,X_1,X_2)$ を d 次の既約斉次多項式とし，$F(X_0,X_1,X_2)=0$ で与えられる射影平面曲線を C とする．さらに，C は非特異であると仮定する．このとき，C の点 P が変曲点（補題 2.2.2 参照）である必要十分条件は $H(F)(P)=0$ となることである．

証明 $P \in U = \{X_0 \neq 0\}$ となる場合に示す．他の場合も同様である．$x=\dfrac{X_1}{X_0}$，$y=\dfrac{X_2}{X_0}$ とおく．$f(x,y)=F(1,x,y)$ とおけば，$F(X_0,X_1,X_2)=X_0^d f\left(\dfrac{X_1}{X_0},\dfrac{X_2}{X_0}\right)$ である．合成関数の微分（の鎖律）によって，

$$\frac{\partial F}{\partial X_0} = X_0^{d-1}\{df(x,y) - xf_x(x,y) - yf_y(x,y)\}$$
$$\frac{\partial F}{\partial X_1} = X_0^{d-1} f_x(x,y), \qquad \frac{\partial F}{\partial X_2} = X_0^{d-1} f_y(x,y)$$

となる．ここで，$f_x=\dfrac{\partial f}{\partial x}$，$f_y=\dfrac{\partial f}{\partial y}$ である．これらから，2 階の偏導関数は次のようになる．

$$\begin{aligned}
\frac{\partial^2 F}{\partial X_0^2} &= X_0^{d-2}\{d(d-1)f - 2(d-1)(xf_x+yf_y) \\
&\qquad\qquad + x^2 f_{xx} + 2xyf_{xy} + y^2 f_{yy}\} \\
\frac{\partial^2 F}{\partial X_0 \partial X_1} &= X_0^{d-2}\{(d-1)f_x - xf_{xx} - yf_{xy}\} \\
\frac{\partial^2 F}{\partial X_0 \partial X_2} &= X_0^{d-2}\{(d-1)f_y - xf_{xy} - yf_{yy}\} \\
\frac{\partial^2 F}{\partial X_1^2} &= X_0^{d-2} f_{xx} \\
\frac{\partial^2 F}{\partial X_1 \partial X_2} &= X_0^{d-2} f_{xy} \\
\frac{\partial^2 F}{\partial X_2^2} &= X_0^{d-2} f_{yy}
\end{aligned}$$

$P=(1,\alpha,\beta)$ として，$x=\alpha$，$y=\beta$ を代入した値 $f(\alpha,\beta)$，$f_x(\alpha,\beta)$ などを $f(P)$，$f_x(P)$ などと表す．P が C の点ならば，$f(P)=0$ となることに注意す

ると，$X_0 = 1$ として $H(F)(P)$ は次のように計算できる．細かい計算は省いて，行列式の計算の方針を示す．行列式の第1列に第2列の x 倍と第3列の y 倍を加えて，第1列を

$$^{t}\left(-(d-1)(xf_x + yf_y)(P),\ (d-1)f_x(P),\ (d-1)f_y(P)\right)$$

とすることができる．次に，第1行に第2行の x 倍と第3行の y 倍を加えて，

$$\begin{aligned} H(F)(P) &= \begin{vmatrix} 0 & (d-1)f_x & (d-1)f_y \\ (d-1)f_x & f_{xx} & f_{xy} \\ (d-1)f_y & f_{xy} & f_{yy} \end{vmatrix}(P) \\ &= -(d-1)^2\left(f_y^2 f_{xx} - 2f_x f_y f_{xy} + f_x^2 f_{yy}\right)(P) \end{aligned}$$

と計算される．よって，補題2.2.2により，P が C の変曲点である必要十分条件は $H(F)(P) = 0$ である．　□

【系4.4.2】　$d \geq 3$ とする．C を d 次の非特異射影平面曲線とすると，C の変曲点の数は高々 $3d(d-2)$ である．

証明　$F(X_0, X_1, X_2) = 0$ を C の定義方程式とすると，そのヘシアン $H(F)$ は次数 $3(d-2)$ の斉次多項式である．よって，ベズーの定理（定理3.4.3）により，C とヘッセ曲線 $H(F) = 0$ の交点の数は高々 $3d(d-2)$ である．定理3.4.3では曲線 $H(F) = 0$ も既約と仮定しているが，$H(F) = 0$ を既約曲線の和として表して，それぞれの既約成分と C との交点の数を数えればよい．　□

次に，楕円曲線の射影平面 $\mathbb{P}^2$ への埋め込みを考えてみよう．

【定理4.4.3】　C を楕円曲線とする．C の任意の点を取って P_∞ とする．線形系 $\Lambda = |3P_\infty|$ による有理写像 $\varphi = \varphi_\Lambda$ は C の射影平面 $\mathbb{P}^2$ への埋め込みになっている．このとき，$\mathbb{P}^2$ の斉次座標 (X_0, X_1, X_2) が存在して，次の条件を満たす．

(i)　$P_\infty = (0, 0, 1)$ で，P_∞ は C の変曲点である．

(ii)　$C \cap U_0$ の定義方程式は $y^2 = (x - \alpha_1)(x - \alpha_2)(x - \alpha_3)$ と表される．た

だし，$x = \dfrac{X_1}{X_0}$，$y = \dfrac{X_2}{X_0}$ であり，C と $\varphi(C)$ を同一視している．また，$\alpha_1, \alpha_2, \alpha_3$ は相異なる k の元である．

証明　リーマン・ロッホの定理（定理3.7.6）によって，$\ell(nP_\infty) = n \ (\forall\, n \geq 1)$ である．$L(P_\infty) = k \cdot 1$，$L(2P_\infty) = k \cdot 1 + k \cdot x$ となる元 $x \in k(C)$ が存在して，$(x) = P_1 + P_2 - 2P_\infty \ (P_1, P_2 \neq P_\infty)$ である．実際，$\mathrm{Bs}\,|2P_\infty| = \emptyset$ だから，最後のことがらがわかる．$L(3P_\infty) = k \cdot 1 + k \cdot x + k \cdot y \ (y \in k(C))$ と表せて，$P_\infty \notin \mathrm{Supp}(y)^+$ となる．もし $P_\infty \in \mathrm{Supp}(y)^+$ ならば，$y \in L(2P_\infty)$ となるので，$\ell(3P_\infty) = 3$ に矛盾する．ここで，定理3.6.8により，$\varphi := \varphi_\Lambda : C \to \mathbb{P}^2$ は埋め込みである．すなわち，φ は $P \mapsto (1, x(P), y(P))$ と表せているから，$k(C) = k(x, y)$ となっている．y が満たす $k(x)$ 上の代数方程式を求めよう．

$L(4P_\infty)$ の基底として，$\{1, x, y, x^2\}$ が取れる．実際，もし $x^2 \in k \cdot 1 + k \cdot x + k \cdot y$ ならば，$x^2 = a_0 + a_1 x + by$ と表せる．$b = 0$ ならば，x は k 上代数的な元となり，k は代数的閉体だから，$x \in k$ となって矛盾する．$b \neq 0$ ならば，$y = b^{-1}(x^2 - a_1 x - a_0) \in k(x)$ となり，$k(C) = k(x)$ となる．すなわち，C は $\mathbb{P}^1$ に同型である．これは，C の種数が1という仮定に反する．$L(5P_\infty)$ の基底は $\{1, x, x^2, y, xy\}$ である．もしこれらの元の間に k 上1次従属な関係があれば，$x \in k$ となるか $y \in k(x)$ となる．よって，$L(4P_\infty)$ の場合と同様に矛盾にいたる．

$L(6P_\infty)$ を考える．このとき，$\{1, x, x^2, x^3, y, xy, y^2\}$ は $L(6P_\infty)$ に含まれる．$\ell(6P_\infty) = 6$ だから，これら7つの元の間には1次従属な関係式がある．しかし，y^2 を除く6つの元は，前と同じ理由によって，k 上1次独立である．したがって，1次従属の式は

$$y^2 + (c_1 x + c_0)y = a_0 x^3 + a_1 x^2 + a_2 x + a_3 \tag{4.13}$$

と表される．ここで，$y + \dfrac{1}{2}(c_0 x + c_1)$ を y と置き換えて，$c_0 = c_1 = 0$ と仮定してもよい．$a_0 = 0$ ならば，定理4.3.4の(2)によって，(4.13)で定義される射影平面曲線は $\mathbb{P}^1$ に同型である．これは仮定に矛盾するから，$a_0 \neq 0$ である．よって，$\dfrac{y}{\sqrt{a_0}}$ を y と置き換えて，$a_0 = 1$ としてもよい．このとき，(4.13)の右辺は $(x - \alpha_1)(x - \alpha_2)(x - \alpha_3)$ と因数分解される．ここで，もし $\alpha_1 = \alpha_2$

ならば，$\dfrac{y}{x-\alpha_1}$ を y と置き換えると，(4.13) 式は $y^2=(x-\alpha_3)$ となり，C は $\mathbb{P}^1$ に同型になる．この議論から，$\alpha_1,\alpha_2,\alpha_3$ は相異なる k の元である．(4.13) 式を改めて，

$$y^2=(x-\alpha_1)(x-\alpha_2)(x-\alpha_3) \tag{4.14}$$

と書く．$x=\dfrac{X_1}{X_0}$，$y=\dfrac{X_2}{X_0}$ となる $\mathbb{P}^2$ の斉次座標 (X_0,X_1,X_2) を考えると，定理 4.3.4 の (2) の証明によって，$P_\infty=(0,0,1)$ となっていて，直線 $\ell_\infty=\{X_0=0\}$ は C と P_∞ と 3 重に交わっている．したがって，P_∞ は C の変曲点である．□

✔注意 4.4.4　(1)　(4.14) 式の右辺を展開して

$$y^2=x^3+cx^2+ax+b$$

と表すとき，$x+\dfrac{c}{3}$ を x と置き換えて，$c=0$ と仮定できる．したがって，(4.14) 式は

$$y^2=x^3+ax+b \tag{4.15}$$

と考えてもよい．この右辺が 3 つの相異なる 1 次式の積に分解するには，$x^3+ax+b=0$ とその 1 階微分の式 $3x^2+a=0$ が共通解をもたなければよい．したがって，2 つの式の終結式を取って考えると，$4a^3+27b^2\neq 0$ がそのための条件である．この埋め込み方による C の変曲点は P_∞ と次の連立方程式の解 $(x,y)=(\alpha_i,\beta_i)$ を使って表される 8 つの点 $(1,\alpha_i,\beta_i)$　$(1\leq i\leq 8)$ である．

$$\begin{cases} y^2=x^3+ax+b \\ 9x^4+6ax^2-12xy^2+a^2=0 \end{cases}$$

連立方程式の 2 番目の式は，$f(x,y)=y^2-(x^3+ax+b)$ から補題 2.2.2 の必要十分条件を使って得られる式である．

(2)　定理 4.4.3 で C の任意の点を取って P_∞ とおいたように，C の変曲点は C の $\mathbb{P}^2$ への埋め込み方によって異なる．

3.5 節において，非特異射影代数曲線 C のピカール群 $\mathrm{Pic}(C)=\mathrm{Div}(C)/(\sim)$ を定義した．ここで，線形同値 $D\sim D'$ があると $\deg D=\deg D'$ となるこ

とに注意すれば，因子 D の線形同値類 $[D]$ に対して，次数 $\deg[D]$ が $\deg D$ で定まることがわかる．また，$\deg(D+D') = \deg D + \deg D'$ だから，$\deg : \mathrm{Pic}(C) \to \mathbb{Z}$, $[D] \mapsto \deg[D]$ は群準同型写像であることがわかる．そのカーネル $\mathrm{Ker}\,(\deg)$ を $\mathrm{Pic}^0(C)$ または $J(C)$ と表す．

C 上の1点 P_∞ を固定する．C 上の任意の点 P に対して，$\deg(P - P_\infty) = 0$ だから，写像 $j : C \to J(C)$ を $j(P) = [P - P_\infty]$ と定めることができる．

【補題 4.4.5】 (1) 次の3条件は同値である．

(i) $j(C) = [0]$.
(ii) j は単射ではない．
(iii) $g(C) = 0$

(2) $g(C) > 0$ ならば，j は単射である．

証明 (1) C 上には無限個の点が存在するから，(i) $\Longrightarrow$ (ii) は明らかである．(ii) $\Longrightarrow$ (iii)．ある $P \neq P_\infty$ に対して，$j(P) = [P - P_\infty] = [0]$ となる．したがって，$P \sim P_\infty$ である．$P - P_\infty = (f)$ $(f \in k(C))$ とすれば，k-加群 $k \cdot 1 + k \cdot f$ によって定まる線形束 $\Lambda \subseteq |P_\infty|$ が存在する．したがって，系 4.3.2 により，C は $\mathbb{P}^1$ に同型である．よって，$g(C) = 0$. (iii) $\Longrightarrow$ (i)．$g(C) = 0$ ならば，系 4.3.3 により，C は $\mathbb{P}^1$ に同型である．$\mathbb{P}^1$ の斉次座標 (X_0, X_1) を $P_\infty = (0, 1)$ となるように取る．$P \neq P_\infty$ ならば，$P = (1, c)$ $(c \in k)$ と表されて，$x = \dfrac{X_1}{X_0}$ とおけば $P - P_\infty = (x - c)$ である．よって，$j(P) = [0]$.

(2) $g(C) > 0$ と仮定する．$P, Q \in C$ に対して，$[P - P_\infty] = [Q - P_\infty]$ ならば $P = Q$ となることを示せばよい．$P \neq Q$ ならば，$P - P_\infty \sim Q - P_\infty$ だから，$P \sim Q$ となる．これから，(1) における証明のようにして，C 上に次数1の線形束が存在することがわかる．したがって，C は $\mathbb{P}^1$ に同型となり，$g(C) = 0$ となる．これは仮定に反するので，$P = Q$ がわかる． □

✔注意 4.4.6 群 $J(C)$ はアーベル多様体と呼ばれる，次元が $g(C)$ に等しい群構造をもつ代数多様体になっている．また，$J(C)$ は群として C の像 $j(C)$ で生成されている．$J(C)$ のことを C の**ジャコビアン多様体**という．

このことを$g(C)=1$の場合に考えてみよう．

【定理 4.4.7】　Cを楕円曲線とし，P_∞をCの任意の点とすると，C上にP_∞を単位元とするアーベル群の構造が入る．

証明　定理4.4.3のように，線形系$\Lambda=|3P_\infty|$によって，Cを射影平面$\mathbb{P}^2$の3次曲線として埋め込んで考える．定理4.4.3の証明における$\mathbb{P}^2$の斉次座標(X_0,X_1,X_2)を選んで，$\ell_\infty=\{X_0=0\}$が点P_∞におけるCの接線としておく．ℓ_∞とCは点P_∞で3重に交わっているので，$C\cdot\ell_\infty=3P_\infty$と表す．この表し方については，補題3.7.4の後に説明があるので，それを参照せよ．

(a_0,a_1,a_2)を$\mathbb{P}^2$の双対射影空間$\check{\mathbb{P}}^2$の点とする．3.2節の定義により，(a_0,a_1,a_2)は$\mathbb{P}^2$の超平面（この場合には直線）$a_0X_0+a_1X_1+a_2X_2=0$に対応している．この直線をℓとすると，ベズーの定理により，$C\cdot\ell=P_1+P_2+P_3$と表せる．ただし，P_1,P_2,P_3はℓの選び方に依存し，3点のうちの2点または3点が一致する場合もある．このとき，$\dfrac{a_0X_0+a_1X_1+a_2X_2}{X_0}=a_0+a_1x+a_2y$であり，

$$(a_0+a_1x+a_2y)=(P_1+P_2+P_3)-3P_\infty$$

となっている．書き改めれば，

$$[P_1-P_\infty]+[P_2-P_\infty]+[P_3-P_\infty]=0 \tag{4.16}$$

である．また，点P_∞と点P_3を通る直線をℓ_3とすると，その方程式は$b_0X_0+b_1X_1=0$の形をしている．さらに，

$$C\cdot\ell_3=P_3+P_3'+P_\infty$$

によって，Cの点P_3'がP_3からただ一通りに定まる．すなわち，

$$[P_3-P_\infty]+[P_3'-P_\infty]=0 \tag{4.17}$$

が得られる．式(4.16)と(4.17)より，

$$[P_1-P_\infty]+[P_2-P_\infty]=-[P_3-P_\infty]=[P_3'-P_\infty]$$

が得られる．そこで，2点P_1とP_2の和は点P_3'であると定義する．

すなわち，C 上の2点 P_1，P_2 が与えられると，P_1 と P_2 を通る直線 ℓ はただ一通りに定まって，C と第3点 P_3 で交わる．そこで，点 P_3 と点 P_∞ を結ぶ直線 ℓ_3 が C と交わる点 P_3' を取るのである．このとき，点 P_3 の（アーベル群の和に関する）負元は P_3' で，単位元は P_∞ である．群の結合法則はアーベル群 $J(C)$ の結合法則より従う． □

楕円曲線 C 上のアーベル群の構造で，写像 $j : C \to J(C)$，$P \mapsto [P - P_\infty]$ は群同型写像になっている．

4.5 フェルマー[7] 曲線

n を2以上の自然数とするとき，$X_0^n = X_1^n + X_2^n$ で定義される射影平面曲線 $F(n)$ を n 次の**フェルマー曲線**という．次に，フェルマー曲線の性質をまとめておこう．

【補題 4.5.1】 フェルマー曲線 $F(n)$ について次の性質がある．

(1) $F(n)$ は非特異である．
(2) $g(F(n)) = \dfrac{1}{2}(n-1)(n-2)$.
(3) $n \geq 3$ とすると，$F(n)$ の変曲点は $3n$ 個存在する．各変曲点で $F(n)$ は接線と n 重に交わっている．

証明 (1) $F = X_0^n - X_1^n - X_2^n$ とおく．特異点のジャコビ判定法により，$F(n)$ の特異点は

$$\frac{\partial F}{\partial X_0} = nX_0^{n-1} = 0, \quad \frac{\partial F}{\partial X_1} = -nX_1^{n-1} = 0, \quad \frac{\partial F}{\partial X_2} = -nX_2^{n-1} = 0$$

を満たす点である．しかし，そのような点 $(0, 0, 0)$ は $F(n)$ 上に存在しない．

(2) 系 3.7.7 による．

(3) 補題 4.4.1 により，$F(n)$ の変曲点はヘッセ曲線 $H(F) = 0$ と $F(n)$ の交点である．簡単な計算により，

[7] Fermat

$$H(F) = n^3(n-1)^3(X_0X_1X_2)^{n-2}$$

となる．$n \geq 3$ という仮定から，変曲点の集合は

$$F(n) \cap (\{X_0 = 0\} \cup \{X_1 = 0\} \cup \{X_2 = 0\})$$

である．たとえば，$X_0 = 0$ とすると，変曲点は $(0, 1, \alpha\omega^i)$ $(1 \leq i \leq n)$ と表せる．ただし，$\alpha^n = -1$ で，ω は 1 の原始 n 乗根である．$X_1 = 0$ 及び $X_2 = 0$ の場合についても同様に変曲点が求められて，それらは合わせて $3n$ 個存在する．

たとえば，変曲点 $P = (0, 1, \alpha)$ を考えよう．$u = \dfrac{X_0}{X_1}$，$v = \dfrac{X_2}{X_1}$ とおくと，P における $F(n)$ の定義方程式は

$$u^n = v^n + 1$$

である．そこで，$v' = v - \alpha$ とおくと，定義方程式は

$$\begin{aligned} u^n &= (v' + \alpha)^n + 1 \\ &= v'\left\{n\alpha^{n-1} + \binom{n}{2}\alpha^{n-2}v' + \cdots + v'^{n-1}\right\} \end{aligned}$$

と書きなおせるが，$\rho := n\alpha^{n-1} + \binom{n}{2}\alpha^{n-2}v' + \cdots + v'^{n-1}$ は点 P で単元である．$F(n)$ の点 P における接線の方程式は次のように計算される．(u, v)-座標で書いた $F(n)$ の定義方程式は $f = u^n - (v^n + 1)$ で $P = (0, \alpha)$ だから，

$$\frac{\partial f}{\partial u}(P) = 0, \quad \frac{\partial f}{\partial v}(P) = -n\alpha^{n-1}$$

より，接線の方程式 $\dfrac{\partial f}{\partial u}(P)u + \dfrac{\partial f}{\partial v}(P)(v - \alpha) = 0$ は

$$-n\alpha^{n-1}(v - \alpha) = 0$$

となる．すなわち，$v' = 0$ である．したがって，

$$\dim_k \mathcal{O}_{F(n),P}/(u^n - v'\rho, v') = \dim_k k[u]/(u^n) = n$$

と計算されて，$F(n)$ と点 P における接線は n 重に交わることがわかる． □

$U_0 = \{X_0 \neq 0\}$, $x = \dfrac{X_1}{X_0}$, $y = \dfrac{X_2}{X_0}$ とすると，アフィン平面曲線 $F(n) \cap U_0$ は (x, y)-座標で

$$x^n + y^n = 1$$

で定義される．これを n 次の**アフィン・フェルマー曲線**と呼ぶ．最後に，次の定理が成立することを述べておこう．この結果の $n = 3$ の場合と補題 2.1.7 の証明の一部が重複している．もっと言えば，補題 2.1.7 はこのような形で定理 4.5.2 に一般化されたということである．

【定理 4.5.2】 $k(t)$ を 1 変数の有理関数体とする．アフィン・フェルマー曲線 $x^n + y^n = 1$ $(n \geq 3)$ が $x = f(t)$, $y = g(t)$ $(f(t), g(t) \in k(t))$ という解をもてば，$f(t)$, $g(t) \in k$ となる．

証明 $(f(t), g(t))$ が $x^n + y^n = 1$ の解だから，

$$f(t)^n + g(t)^n = 1$$

を満たす．したがって，$(x, y) \mapsto (f(t), g(t))$ によって環準同型写像

$$\theta : k[x, y]/(x^n + y^n - 1) \to k(t)$$

が導かれる．$A := k[x, y]/(x^n + y^n - 1)$ は 1 次元の有限生成整域で，θ は A から体 $k(t)$ への環準同型写像であるから，$\mathrm{Ker}\,\theta$ は A の極大イデアルになるか，または，$\mathrm{Ker}\,\theta = (0)$ となる（[4] の 8.3 節を参照）．$\mathrm{Ker}\,\theta$ が A の極大イデアルならば，剰余体 $A/\mathrm{Ker}\,\theta$ は k に等しい．よって，$f(t)$, $g(t)$ は k の元である．$\mathrm{Ker}\,\theta = (0)$ となるときは，θ は単射であり，θ は A の商体 $Q(A) = k(F(n))$ から $k(t)$ への体準同型写像 $\widetilde{\theta}$ に拡張される．このとき，$\widetilde{\theta}$ は単射となるので，$k(F(n))$ は $k(t)$ の部分体である．しかし，有理関数体の 1 次元の部分体はすべて 1 変数有理関数体となることが知られている（リューロー[8] の定理，[5] の第 I 部第 1 章参照のこと）．すると，$F(n)$ は $\mathbb{P}^1$ に同型になるが，これは補題 4.5.1 の (2) に矛盾する． □

[8] Lüroth

参考文献

代数曲線論に関する文献は多数ある．ここでは，本書を読むのに必要か，本書を読了後に参考とするべき文献を中心に簡単な解説を試みる．

[1] 岩澤健吉，代数函数論，現代数学 11，岩波書店，1952 年．

[2] Robert J. Walker, *Algebraic Curves*, Princeton Mathematical Series, vol. 13. Princeton University Press, 1950. x+201 pp.

これらの本はほとんど同時期に出版されている．[1] ではリーマン面などの解析的側面も強調されている．[2] は代数的手法にのみ依存しており，難しい理論を使わずに記述されている．2 つの本とも付値論を前面に出している点など，本書が参考にした点が多いが，内容や証明の完璧さにおいて両書に及ぶものではない．

本書はできる限り新たな知識を仮定しないで読めるように工夫したつもりである．とくに，第 1 章で以降に必要な環論的知識を学部 3 年生水準の知識から復習したが，参考書として，次の [3] を参照されたい．さらに，いくつかの進んだ結果は証明なしで引用するに留めた．これらの結果は次の 2 書 [4], [5] から参考にされたい．

[3] 宮西正宜，代数学 1 − 基礎編，裳華房，2010 年．

[4] 宮西正宜，代数学 2 − 発展編，裳華房，2011 年．

[5] 宮西正宜，代数幾何学，数学選書 10，裳華房，1990 年．

複素数体 $\mathbb{C}$ が代数的閉体であるという「代数学の基本定理」の証明は次の著書にある．

[6] 宮西正宜・増田佳代，複素数への招待，日本評論社，1998 年.

本書は代数幾何学への端緒を与えることを企図しながら，代数多様体やそれらの射など代数幾何学の標準的定義さえ明確に与えていない．そのことを不満に思う読者や，もっと現代的なスキーム論に触れたい読者には，次の著書を挙げておく.

[7] 永田雅宜・宮西正宜・丸山正樹，抽象代数幾何学，共立講座　現代の数学 10，共立出版，1972 年．復刊　1999 年.

最後に，代数曲線論の標準的教科書と標準的専門書を一つずつ挙げておく.

[8] William Fulton, *Algebraic curves, An introduction to algebraic geometry*, Notes written with the collaboration of Richard Weiss, Mathematics Lecture Notes Series, W. A. Benjamin, Inc., 1969. xiii+226.

[9] E. Arbarello, M. Cornalba, P.A. Griffiths and J. Harris, *Geometry of algebraic curves.* Vol. I, Grundlehren der Mathematischen Wissenschaften 267. Springer-Verlag, 1985. xvi+386 pp.

索　引

■ た行

■ な行

■ ま行

■ や行

■ ら行

■ わ行

著者略歴

宮西正宜（みやにし　まさよし）

1940 年　滋賀県生まれ.

1965 年　京都大学大学院大学院理学研究科修士課程修了．同年，京都大学理学部助手,

1967 年　同講師，1972年大阪大学理学部助教授, 1984年同教授となる.

2003 年–2009 年関西学院大学理工学部教授.

現在　関西学院大学数理科学研究センター客員研究員.

この間，代数学関係の講義を行うと同時に，カナダ・アメリカ・フランス・ドイツ・インド・中国など多くの大学で教育と研究に携わる．理学博士．大阪大学名誉教授.

著　書：抽象代数幾何学（共立出版，共著），代数幾何学（裳華房），複素数への招待（日本評論社，共著），代数学 1 – 基礎編（裳華房），代数学 2 – 発展編（裳華房），Algebraic Geometry（アメリカ数学会），Open algebraic surfaces （アメリカ数学会）．その他著書多数.

増田佳代（ますだ　かよ）

1963 年　大阪府生まれ.

1995 年　大阪市立大学大学院理学研究科博士課程修了．同年，明石工業高等専門学校講師.

1997 年　姫路工業大学（現　兵庫県立大学）講師．同助教授を経て,

2009 年　関西学院大学理工学部教授．現在に至る.

この間，代数学，変換群関係の講義を行うと共に，多数の国際研究集会で発表を行う．また，関西学院大学大阪梅田キャンパスで，「アフィン代数幾何学研究集会」を共催する．博士（理学).

著　書：複素数への招待（日本評論社，共著），Affine algebraic geometry （World Scientific, 共編著).

代数曲線入門

Introduction to algebraic curves

2016 年 8 月 25 日　初版 1 刷発行

検印廃止
NDC 411.8
ISBN 978-4-320-11144-8

著　者　宮 西 正 宜
　　　　増 田 佳 代

発行者　南 條 光 章

発行所　**共立出版株式会社**
〒 112-0006
東京都文京区小日向 4-6-19
電話番号　03-3947-2511（代表）
振替口座　00110-2-57035

印　刷　啓文堂

製　本　ブロケード

一般社団法人
自然科学書協会
会員

Printed in Japan